精通 Oracle R Enterprise 大数据

在 Oracle 数据库中充分利用

R 的强大功能

[美] Brendan Tierney 著

张骏温 译

清华大学出版社

北　京

北京市版权局著作权合同登记号 图字:01-2017-5690

本书封面贴有 McGraw-Hill Education 公司防伪标签,无标签者不得销售。

版权所有,侵权必究。侵权举报电话:010-62782989 13701121933

图书在版编目(CIP)数据

精通 Oracle R Enterprise 大数据 在 Oracle 数据库中充分利用 R 的强大功能 / (美)布兰登·蒂尔尼(Brendan Tierney)著;张骏温 译. —北京:清华大学出版社,2018

书名原文:Oracle R Enterprise: Harnessing the Power of R in Oracle Database

ISBN 978-7-302-49116-3

Ⅰ. ①精… Ⅱ. ①布… ②张… Ⅲ. ①关系数据库系统 Ⅳ. ①TP311.138

中国版本图书馆 CIP 数据核字(2017)第 311925 号

责任编辑:王 军 韩宏志
封面设计:牛艳敏
责任校对:曹 阳
责任印制:杨 艳

出版发行:清华大学出版社
      网 址:http://www.tup.com.cn,http://www.wqbook.com
      地 址:北京清华大学学研大厦 A 座   邮 编:100084
      社 总 机:010-62770175   邮 购:010-62786544
      投稿与读者服务:010-62776969,c-service@tup.tsinghua.edu.cn
      质 量 反 馈:010-62772015,zhiliang@tup.tsinghua.edu.cn

印 装 者:北京密云胶印厂
经 销:全国新华书店
开 本:185mm×260mm   印 张:13   字 数:316 千字
版 次:2018 年 1 月第 1 版   印 次:2018 年 1 月第 1 次印刷
印 数:1 ~ 2500
定 价:59.80 元

产品编号:074902-01

译 者 序

　　在翻译本书的过程中，译者由衷地发出这样的感慨：技术一直沿着蜿蜒的道路发展和前行！R 语言已诞生 20 多年，但一直在专业圈子里使用，圈子以外的人对 R 语言并不熟悉。但现在情况不同了，因为大数据时代来了。"大数据"成为当今最时髦的词汇之一，不仅是 IT 专业人士，就连心灵鸡汤的制作者和传播者，也都出言必称大数据。总之，大数据风头正劲！R 技术也顺势起飞了，或者说有了更大的用武之地。

　　Oracle 在软件领域是当之无愧的领导者，在全球各国各大行业、企业和政府部门的关键应用中，Oracle 的数据库产品得到广泛使用，因而，能让 Oracle 公司将 R 技术融入其产品中，也足见 R 技术在当今的热度。

　　R 语言或者说 R 技术，最适用的领域是数据分析，其中有大量的算法、模型和图形图表工具。通常的使用模式是，数据分析人员在自己的 PC 机或笔记本电脑上安装 R 语言并使用。这种使用模式对于数据量不大的情况，是非常适用的，但当数据量很大时，这种模式就不适用了。受到 PC 机或笔记本电脑的硬件资源的限制，在对大量数据进行分析时，会非常耗时。而 Oracle R Enterprise 就能解决这个问题。它能使数据分析人员在 Oracle 数据库中使用 R，即原来在 PC 机或笔记本电脑上完成的任务现在可在数据库服务器上完成了。这是一个革命性的变化，这意味着可利用数据库服务器的硬件资源来进行大数据量的分析，从而大大提高了数据分析的速度。

本书作者 Brendan Tierney 是业内知名专家,不仅精通 Oracle 数据库和 R 语言,在相关理论和实践方面,也有高深的造诣和丰富的经验。本书就是其多年经验的结晶。

本书开篇介绍如何在 Oracle 数据库上安装 R 语言,然后沿着安装-使用-卸载路径展开,将全书分为 14 章。

第 1 章是对 Oracle R Enterprise 的综述。

第 2 章详细介绍 Oracle R Enterprise 的安装。包括安装的先决条件、在 Oracle R Enterprise 数据库的服务器端和客户端机器上的安装、验证安装是否成功。

第 3 章介绍 Oracle R Enterprise 的最基本用法。

第 4 章介绍 Oracle R Enterprise 的透明层,这是能在 Oracle R Enterprise 数据库中使用 R 的关键所在。

第 5 章介绍 Oracle R Enterprise 的各种软件包。

第 6 章~第 14 章介绍 Oracle R Enterprise 的各种用法。

这是一本针对性很强的专业书籍,书中列举大量示例,实用性很强,对于在大数据环境工作的 DBA、应用软件开发人员及数据分析人员有较强的指导作用。但也要指出,由于作者长于实践,在叙述时难免有些口语化,对同一事物常用多个词汇来表述,如:书中常将 package、function 和 task 混用,还喜欢用一些比较怪的词汇,这样一来,对于不熟悉 Oracle 数据库的初学者,可能造成一些困惑,也给翻译工作带来一些困难。译者在翻译过程中,尽可能地将这些问题进行了更正。

不过,瑕不掩瑜,总的说来,这是一本很好、很贴近实用的书。很荣幸能将这本书翻译成中文版奉献给国内广大读者。这里要感谢清华大学出版社的编辑们,他们为本书的翻译投入了巨大热情并付出了很多心血,没有他们的帮助和鼓励,本书不可能顺利付梓。

还要感谢甲骨文(中国)公司的技术产品售前总监许向东和她的团队,在百忙之中审阅了译稿的初稿,并提出很多修改意见。

本书全部章节由张骏温翻译,参与本次翻译活动的还有赵爱华、薛群群、王欢、张彩霞、张越、杨萌、刘东、张若楠、江周娴、张艳,在此一并谢过!

由于水平有限,翻译工作中可能会有不准确的内容,如果读者在阅读过程中发现失误和遗漏之处,欢迎批评指正。

作 者 简 介

Brendan Tierney 是 Oracle ACE 总监，是都柏林理工学院的数据科学、数据库和大数据讲师，也是一位独立咨询师(Oralytics)。Brendan 曾在爱尔兰、英国、比利时、荷兰、挪威、西班牙、加拿大和美国等多个国家的项目中工作，在数据挖掘、数据科学、大数据和数据仓库领域拥有逾 24 年的工作经验，是公认的数据科学和大数据专家。Brendan 是 Oracle User Group 社区的活跃分子，是 OUG 在爱尔兰的领导者之一。Brendan 是 *UKOUG Oracle Scene* 杂志的编辑，定期在全球技术会议上发表演讲；也是一位活跃的博客写手，曾为 OTN、Oracle Scene、IOUG SELECT Journal、ODTUG Technical Journal 和 ToadWorld 撰写文章。他还是位于爱尔兰的 DAMA 的董事会成员。Brendan 已撰写 *Predictive Analytics Using Oracle Data Miner* 和 *Real World SQL and PL/SQL: Advice from the Experts* 两本书籍。

Web 和 blog: www.oralytics.com
Twitter: @brendantierney

技术编辑简介

Mark Hornick 是 Oracle Advanced Analytics Product Management 的主任，目前致力于 Oracle 的 R 技术。他和内部及外部的客户一道从事将 R 应用于 Oracle Database、Oracle Exadata 和 Oracle Big Data Appliance 中可变高级分析中的工作——无论是本地的，还是在云中的。Mark 是 *Using R to Unlock the Value of Big Data*、*Oracle Big Data Handbook* 和 *Java Data Mining: Strategy, Standard, and Practice* 三本书的合著者，并在 blogs.oracle.com/R 上撰写博客。Mark 于 1999 年随着 Thinking Machines Corp.的并购而加入 Oracle 的 Data Mining Technologies 组，并于 2010 年转向 R 技术。在那之前，Mark 致力于如下领域的研究和开发工作：分布式对象管理、扩展事务模型、工作流管理系统和 GTE Laboratories(现在的 Verizon)的电信网络监控对象模型。Mark 是 IOUG 的 Business Intelligence Warehousing and Analytics (BIWA) SIG 的创始者和 Oracle Advisor,担任 BIWA Summit 活动的 Content Selection Committee Chair。他也是 R Consortium 的 Oracle 代表。Mark 从 Rutgers University 获得计算机科学专业学士学位，从 Brown University 获得计算机科学专业硕士学位。

致　谢

感谢 Grace、Daniel 和 Eleanor,感谢你们在我同时撰写本书和另一本书时所给予的一贯支持和鼓励。的确,同时写两本书不是件轻松的事,没有你们的支持,这是不可能的。

非常感谢 Mark Hornick 担任本书的技术编辑。他几乎是对本书的每一行、每章中的例子都给出了详细的意见与建议。

还有几位也要在此提及,他们为本书的某些章节提供了支持与帮助。首先,我要感谢 Roel Hartman 在 APEX 方面所给予的帮助。另外,感谢 Oracle Data Mining 团队的 Charlie Berger、Mark Kelly 和 Pedro Rata 以及 Oracle R Enterprise 团队的 Sherry LaMonica。

更多的感谢给予 McGraw-Hill Professional 的 Wendy、Brandi、Claire 和 Rachel,他们从本书还处于创意阶段就和我一起工作。还要感谢 Bart Reed 对本书所做的文字编辑工作。

前 言

　　高级分析和 Big Data 的世界正处于不断发展中——不断发展出新产品来帮助我们管理各种形式和规模的数据。公司要面对的一个挑战是处理它们日益增长的数据量(volumes)并提取有意义和有用的信息。

　　R 语言是一种开源语言,已经诞生 20 多年了。我们已经看到,R 语言在全世界几乎每个行业中都得到广泛传播,与之相随的每年数以千计的毕业生进入市场。这使得组织可培养数据分析师并让他们从事分析数据的工作。尽管 R 语言有许多优点,但它仍有大量的局限。局限主要集中在这种语言随当今大部分组织所面对的典型数据量而调整的能力方面。

　　而在 Oracle R Enterprise 中,Oracle 已经克服了 R 语言的这些局限。 Oracle 已经获得了 R 语言并将它集成到 Oracle Database 中。这样一来便解决了任何可扩展性问题和性能问题。Oracle R Enterprise 能使 R 脚本并行执行,并将数据库服务器用作计算引擎以便允许极大量的数据在给定时间内得到处理。通过将 R 语言集成到 Oracle Database 中,你便可以使用 SQL 和 PL/SQL(数据库的主要编程语言)来执行脚本并处理结果。这种集成,再结合 SQL 语言,使你可以很容易地把分析和图片包含到产品环境或前端应用中。任何能够调用和处理 SQL 的编程语言现在都可以运行脚本并处理结果。

　　本书的目标读者有三类。第一类是数据科学家,他们使用 R 语言进行分析和高级分析工作。随着数据集的增长，他们将 Oracle R Enterprise 用作 Oracle Database 和数据库服务器的接口。本书将帮助他们理解如何使用 Oracle R Enterprise 及如何结合其他产品来使用 Oracle R Enterprise。第二类包括 SQL 和 Oracle Business Intelligence 的开发者。这类用户有一种不断增长的需求：将使用 R 得到的分析结果并集成到他们的应用和分析仪表盘(analytic dashboard)中。这些开发者可使用 Oracle R Enterprise 所携带的 SQL API 函数(function)来很容易地把用户定义的 R 脚本集成到工作流、应用程序和仪表盘中。第三类用户包括那些使用分析、Big Data 和高级分析等的多重角色人员。这些用户利用 Oracle Database、Hadoop、R 语言、SQL、PL/SQL、APEX 以及各种高级分析工具进行工作。本书包含 Oracle R Enterprise 如何被这三类用户中的每一类使用的细节。

通过本书，你可以学到并理解：

- 如何安装 Oracle R Enterprise。
- 如何设置和配置 Oracle Database schemas 以便使用 Oracle R Enterprise。
- 透明层是什么以及如何能利用它来无缝地使用数据库中的数据。
- 如何利用 Oracle Database 中的数据来访问、使用、转换和抽样数据。
- Oracle R Enterprise 的不同成分和这个产品所携带的附加的高级分析算法。
- 如何利用 R 来使用数据库中的 Oracle Data Mining 算法。
- 如何在 Hadoop 上使用 Oracle R Advanced Analytics 来进行分析以及如何使用 Spark-enabled 算法。
- 如何利用 Oracle Data Miner GUI 工具来使用 Oracle R Enterprise 和用户定义的 R 脚本。
- 如何把用户定义的 R 添加到诸如 Oracle APEX 和 OBIEE 之类的应用程序中。
- 为了支持 Oracle R Enterprise，数据库管理员需要执行什么任务。

本书大部分章节都列举了丰富的示例。为节省时间以及避免输入错误，本书提供了一组代码文件，每章的代码都放在一个单独文件中。

可从 McGraw-Hill Professional 网站 www.mhprofessional.com 下载压缩文件。只需要输入书名或 ISBN (1259585166)，然后单击本书主页的 Downloads & Resources 选项卡即可。另外，扫描本书封底的二维码也可获得代码文件。

目　　录

第 1 章

Oracle R Enterprise 简介

高级分析和 Big Data 领域正处于不断扩展之中。Big Data 领域的扩展带来新的产品，帮助我们管理所有的各种不同形式和数量的数据。众多公司一直要面对的一个永恒挑战是处理数量不断增长的数据并提取有意义的和有用的信息。市场上有许多工具和供应商，可提供便于提取有意义信息的解决方案。我们所能得到的主要数据管理工具之一就是数据库，包括关系型数据库、NoSQL 数据库、Hadoop 上的数据库，以及更多。传统上，数据库用于抓取、存储和分析一个组织中的各种形式的数据。但近来我们看到了大量不同的帮助我们管理特定场景中数据的数据管理解决方案。在 Big Data 领域中，这一现象尤为突出，在 Hadoop 和 NoSQL 数据库的使用上，我们已经看到了一个重大的提升。类似地，在分析工具环境中，我们已经看到了能使处理数据和从数据中提取有意义信息变得容易的语言和工具的发展。一种最普遍适用的数据分析语言就是 R。

图 1-1 显示了分析的不同分类。通常，大部分组织都会关注定性分析，因为定性分析关注组织此地此刻的运行状况、当前正在发生什么和为什么某些事会发生。当一个组

织成熟起来时(或有时是因为竞争性的原因),它会转入预测分析领域。这一领域关注于理解可能存在于数据中的模式以及组织如何利用这些模式来预测可能发生的事情。有一些示例,包括预测客户的税收、预测传感器或设备何时失效、管理员工并预计谁可能会离职等。近来,正是这类预测分析吸引了大部分的注意力。这项技术和用于预测分析的机器学习技术已经出现了几十年了,但我们现在看到的是,这些技术正被用在比以往更广范围的工业和问题中。

规范性分析	物联网	物联网自动化
	不确定型决策	可变条件下决定最佳结果
	协同决策	决策中涉及的多个预测模型和其他技术
	自我优化	不断改进;寻找最佳结果
自动分析	后端应用	批处理、决策、预警等
	前端应用	决策、打分、告警等
	实时	在数据处理过程中实时预测
	自动更新	自动重建模型
	嵌入式分析	高级分析是……的一部分
	What-if 分析	如果数据变了,会发生什么?
预测分析	预测建模	接下来会发生什么?
	预报	如果这些趋势继续下去,会发生什么?
	模拟	如果……,有可能会发生什么?
	告警	需要行动
描述性分析	统计分析	高级统计技术、相关性等
	查询/深入探讨(drill down)	问题的实质是什么?
	特别报告	多少、多频繁、在哪里?
	标准报告	发生了什么?

图 1-1 分析的不同分类

R 语言是一种已经出现了二十多年的开源语言。我们已经见到了 R 语言在全世界以及几乎每个行业中被广泛采用,随之而来的是每年有数以千计的有 R 使用经验的毕业生进入市场。这就允许组织创建数据科学团队来分析其数据。R 语言可使你使用由世界各地专家们开发的各种 R 软件包。这些软件包建立在基本 R 语言的功能上,提供了大量的统计和机器学习技术。一些 R 软件包是专为某些类型的问题或专为某些行业所面对的特殊问题而开发的。

尽管 R 语言有许多优点,但它也有许多局限。这些局限主要集中在扩展自身以便能处理当今大部分组织所使用的典型数据量的能力上。Oracle 对 R 语言所做的正是使其能以一种结合方式和 Oracle Database 及数据库服务器一起工作。这样做的目的是要克服 R 语言的三个主要局限:

- **可扩展性(Scalability)** R 语言最初只能使用本地计算机的 CPU。无论你的计算机有多少个 CPU,数据处理都会受到限制。随着数据量和分析复杂性的增加,很快就会达到机器的极限。有大量可用的 R 软件包能克服这个问题，但它们涉及多线程编程，这就超过了大多数编程者的编程能力，更不要说数据分析师了。

- **内存管理**　R 语言受限于机器中可用的 RAM 的量。因为大多数分析都是在分析员的台式机或笔记本电脑上进行的，当处理组织的数据时，可用的 RAM 很快就会耗光。有关这种局限的一个常见例子是当试图打开一个 Excel 电子表格时，却打不开，并出现了出错信息。并行化处理数据可能是一个挑战。相同的情况再次出现，确实有可用的 R 软件包帮助你克服这个挑战，但这些软件包是有限的并且需要丰富的编程知识。

- **产品部署**　数据分析师和数据科学家的利用 R 语言所做的大部分开发工作都是在他们的本地电脑或小型服务器上进行的。这里的挑战是，如何把所有这些分析成果和预测模型带出分析实验室环境并把它们添加到进行批处理的后端上的生产架构中或一个前端应用程序中。把 R 语言与其他语言集成起来的能力是极为有限的，在很多情况下，需要利用其他语言，诸如 C、Java、SQL 等，重新开发分析和预测模型。

当想要把自己的高级分析工作带出实验室环境并植入一个企业架构及各种运营和商务解决方案中时，大部分组织都面临着必须处理这些局限的问题。

因为有了 Oracle R Enterprise，Oracle 已经克服了 R 语言的这些局限。Oracle 已经得到了 R 语言并把它集成到 Oracle Database 中。通过这么做，Oracle 已经克服了前面描述的可扩展性和性能问题。Oracle R Enterprise 使得 R 脚本能够并行执行并把数据库服务器用作计算引擎以便在给定时间内使大量数据得到处理。因为 R 语言与 Oracle Database 集成在一起，现在就可以使用 SQL 和 PL/SQL 等数据库方面的主要编程语言来执行 R 脚本并处理所得的结果。因为有了与 SQL 语言的这种集成，现在就可以很容易地把任何分析或 R 图形包含到产品环境或前端应用中。任何可以调用和处理 SQL 的编程语言现在都可以运行 R 脚本并处理所得的结果。

1.1　本书的目标

在此处就确立本书的目标是非常重要的，这样就可使你理解本书通篇涉及的材料类型以及读完本书的所有章节和例子后你能够做什么。本书并不讲述如何编写 R 代码，所以不是面对初学者的入门读物。本书面向那些具有利用 R 语言工作和使用 R 语言经验的人，以及具有在 Oracle Database 中利用数据工作的经验的人。本书的每一章都贯穿了 R 开发者在利用 Oracle Database 工作时所需要知道和用到的主题和领域。一些章节 SQL 开发者，这些人员与 R 语言有某种接触，或接受了把存储于 Oracle Database 中的 R 脚本添加到各种仪表盘、报告环境、商务应用程序、后端处理等的任务。每一章都提供了说明如何使用 Oracle R Enterprise 的各种特性，包括 R API 函数套件和 ORE SQL API 函数的例子。这些例子都很简单，以便你能够很容易地跟着它们学习并在自己的测试环境中重现它们。随着使用这些函数的经验的增长，你会发现自己会创建更复杂的例子了。

1.2　Oracle Advanced Analytics 选件

Oracle Advanced Analytics 选件有两个成分：Oracle Data Mining 和 Oracle R Enterprise。Oracle Advanced Analytics 选件可作为 Oracle Database Enterprise Edition 的额外收费选项而获得。通过将强大的数据库自带的高级数据挖掘算法和 R 的强大功能及灵活性组合在一起，Oracle 提供了一个允许每个人，从数据科学家到 Oracle 开发者和 DBA，都能对其数据进行高级分析以便获得更深入的洞悉和超过其竞争者的优势的工具集。

本书的焦点是 Oracle R Enterprise 的各种特性及如何使用它们。

Oracle Data Mining 包含一组内建于 Oracle Database 中并允许你对自己的数据进行高级分析的高级数据挖掘算法。这些数据挖掘算法被集成到 Oracle 的数据库内核中并在本地对存于数据库表里的数据进行操作，或对数据库可访问的任何数据进行操作——例如，存于操作系统中的文件里的数据(通过外部表)、存于其他数据库中的数据(通过数据库链接)和存于 Hadoop 中的数据(通过 Oracle Big Data SQL)。这便免除了像大多数数据挖掘和数据科学应用通常所做的那样，将数据提取到(或迁入)单独的挖掘/分析服务器的需要。这样，通过近乎零数据迁移，极大地减少了数据科学项目的时间。

除了表 1-1 所列的适用于 Oracle 12c Database 的数据挖掘算法套件外，Oracle 还为使用这些算法提供了大量接口。这些接口包括允许你为新数据创建和应用模型的 PL/SQL 软件包，大量对实时数据进行打分的 SQL 函数和 Oracle Data Miner 工具(它是 SQL Developer 的一部分，此工具提供了一个用于创建数据挖掘项目的图形工作流接口)。

除了 Advanced Analytics 选件外，Oracle Database 的所有版本都自带一个内建于数据库的综合统计函数集。这些函数是 Oracle Database 的标准配置，不需要任何附加的许可证。在该数据库中，有 110 多个 SQL 和 PL/SQL 统计函数，可以按表 1-2 中的不同标题进行分组。

在 Oracle Database 的更新一些版本中引入了一些高级统计函数，可使你通过开窗或活动窗口计算、旋转(pivot)、排序(rankings)、超前/滞后(lead/lag)、标准条款(model clause)和 MATCH_RECONGNIZE 等来进行不同的统计工作。这些函数在数据仓库和高级分析项目中尤为有用。

表 1-1　Oracle Database 中可用的 Oracle 数据挖掘算法

数据挖掘技术	数据挖掘算法
异常检测	One-class Support Vector Machine
关联规则分析	Apriori
属性重要度	Minimum Description Length
分类	Decision Tree
	Generalized Linear Model
	Naïve Bayes
	Support Vector Machine
聚类	Expectation Maximization
	k-Means

(续表)

数据挖掘技术	数据挖掘算法
聚类	Orthogonal Partitioning Clustering
特征提取	Non-Negative Matrix Factorization
	Singular Value Decomposition
	Principal Component Analysis
回归	Generalized Linear Model
	Support Vector Machine

表 1-2　Oracle 的免费统计函数小结

排序函数

Rank、dense_rank、cume_dist、percent_rank、ntile

窗口累加函数(滑动和累计)

Avg、sum、min、max、count、variance、stddev、first_value、last_value

滞后/超前函数

利用补偿的直接行间引用

报告累加函数

Sum、avg、min、max、variance、stddev、count、ratio_to_report

统计累加

Correlation、linear regression family、covariance

线性回归

将一个数字对集合拟合到一条普通最小二成回归线上。通常与 COVAR_POP、COVAR_SAMP 和 CORR 函数组合

描述统计

DBMS_STAT_FUNCS：归总一个表的数字列并返回以下值：count、min、max、range、mean、median、stats_mode、variance、standard deviation、quantile values、+/- n sigma values、top/bottom 5 values

相关

Pearson 相关系数、Spearman 和 Kendall 相关系数(二者都是无参数的)

交叉表

通过%统计来加强：chi squared、phi coefficient、Cramer's V、contingency coefficient、Cohen's kappa

假设检验

Student t-test、F-test、Binomial test、Wilcoxon Signed Ranks test、Chi-square、Mann Whitney test、Kolmogorov- Smirnov test、One-way ANOVA

分布拟合

Kolmogorov-Smirnov Test、Anderson-Darling Test、Chi-squared Test、Normal、Uniform、Weibull、Exponential

1.3　Oracle R Enterprise(Oracle R 企业版)

在传统环境中利用 R 工作时，通常需要把数据从数据库中提取到本地机器中。在将

结果传回数据库前，所有分析都是在本地机器上的 R 环境中进行的。除了前面提及的 R 语言的局限性之外，我们还有从 Oracle Database 中提取数据的问题，尤其是当处理越来越大的数据集时所需的提取数据的时间问题。

在使用 Oracle R Enterprise 时，会在 Oracle Database 服务器上安装一个 R 引擎，Oracle Database 随后可以访问它。

Oracle R Enterprise 提供了一个 R 软件包的套件和许多 Oracle Database 特性，它们允许使用 R 语言的数据科学家在数据仍在 Oracle Database 中时就能处理该数据。通过处理 Oracle Database 中的数据，就不必再把数据提取到本地机器上。这样可在数据分析项目上节省大量的时间。Oracle R Enterprise 还允许你利用 Oracle Database 和数据库服务器的性能和可扩展特性。另外，R 脚本可存储在 Oracle Database 中，这样就允许在该数据库服务器上衍生出一个或多个内嵌的 R 引擎。

因为有了 Oracle R Enterprise，你便有了一个可透明地利用 Oracle Database 工作的 R 软件包的集合。这使得数据科学家(他们熟悉利用 R 语言进行工作)能快速地、容易地学会使用 Oracle R Enterprise 的数据库自带的能力。除了这些 R 函数外，Oracle R Enterprise 还自带一个 SQL 接口，可使你访问和运行存于数据库中的 R 脚本。图 1-2 给出了 Oracle R Enterprise 的典型体系结构。

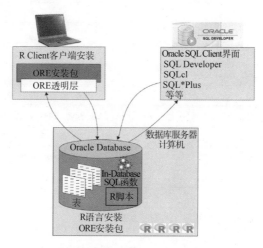

图 1-2　　Oracle R Enterprise 体系结构概览

安装了 Oracle R Enterprise 之后，就会拥有大量能提供透明层的 R 软件包。这些 R 软件包中所包含的函数是大部分普通版本的 R 函数的扩充；这些函数包括 base、stat 和 graphics 软件包中的函数。透明层无缝地把一个 R 函数转变为一个 SQL 函数，在数据库中运行该 SQL 函数，然后返回结果。透明层管理这个过程，不需要数据科学家，不需要利用 R 语言工作，不需要知道或了解在透明层发生了什么。

Oracle Database 自带功能丰富的统计和分析函数。另外，Oracle Database 还有数据库自带的数据挖掘函数，它们是 Oracle Data Mining 的一部分。Oracle Data Mining 算法已经对 Oracle R Enterprise 开放，数据科学家能够自动地利用这些特性，并把数据库用作高性能的、可扩展的计算引擎。Oracle R Enterprise 还带有一些附加的数据挖掘算法，诸如随机森林等。这些功能使得数据科学家能够在把数据驻留于 Oracle Database 中并确保数据安全的同时，处理越来越大的数据集合。

　　Oracle R Enterprise 自带一个核心的 R 软件包集合，其余可以由许多可用的 R 软件包进行功能方面的弥补。Oracle R Enterprise 允许你安装完一个新的 R 软件包后直接开始在分析工作中使用此软件包所包含的分析功能。

1.4 利用 Oracle R Enterprise 易于部署 R

　　Oracle R Enterprise 自带大量的 SQL API 函数，这些函数允许你运行存储于数据库中的 R 脚本，并使用一条 SQL SELECT 语句返回结果。这意味着任何能够对数据库中的数据运行 SQL 语句的应用程序或语言都可以运行 R 脚本并在应用程序中展示结果。而传统的 R 则有可能存在应用程序与 R 代码之间的交互方式方面的限制。为了解决部署 R 分析时的这个难点，就需要用能在生产环境中使用的其他语言对分析进行重新编码。而有了 Oracle R Enterprise，部署 R 分析就很容易了。可以把 R 代码存储到 Oracle Database 中的一个 R 脚本中，然后使用一个 ORE SQL API 函数调用该 R 脚本。结果会以由一条 SELECT 语句所产生的行的形式返回。这样便允许将 R 脚本添加到许多不同类型的应用程序中(见图 1-3)并能被组织内大范围的角色所使用。

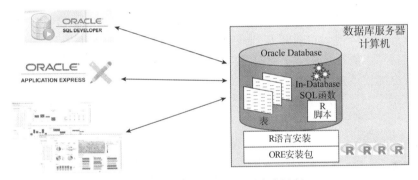

图 1-3　可在使用 SQL 的应用程序中运行 ORE

　　除了能将 Oracle R Enterprise 用于分析外，还可在 Oracle R Enterprise 中使用 R 语言强大的图表和图形能力。可以利用 R 语言定义和创建一个图形并把该图形显示在应用程序中。这些图形都是使用 ORE SQL API 函数显示出来的，这些函数把 R 图形当作查询结果集合的一部分。

使用 Oracle R Enterprise 的好处

　　Oracle R Enterprise 允许数据科学家、数据分析员和应用程序开发者快速地、有效地在 Oracle Database 中分析其数据。使用 Oracle R Enterprise 比使用传统 R 具有许多优势，包括如下这些:

- 　**近乎零数据迁移**　因为有了 Oracle R Enterprise 的透明层，便不再需要从数据库中提取数据并迁移到本地 R 环境中以便进行进一步处理。数据可留在数据库中，R 函数将在数据库中对数据进行处理。这将极大地减少处理数据的时间，并使得分析能够随着数据量的增加而扩展。

- **使用 R 准备数据并建模** 现在，几乎不用对 R 代码做修改，就可以用相同的代码来处理数据和运行驻留于 Oracle Database 中的 R 对象。还可以创建新的驻留于 Oracle Database 中的 R 对象。Oracle R Enterprise 给了 R 使用者一个在利用本地的 R 对象和数据进行工作的印象，但事实正相反，这些都是位于 Oracle Database 中的。

- **使用 R 分析数据** 传统上，当利用数据库工作时，R 使用者需要在使用 R 和 SQL 间进行切换以便运行某些函数。而有了 Oracle R Enterprise，R 使用者只用 R 语言就可以处理数据、进行大范围的分析了。

- **使用数据库服务器的能力** 通常，数据库服务器将是一种比用于分析的服务器强大得多的服务器。通过使用数据库服务器，可以处理的数据要比你通常在本地机器上所处理的数据多得多。除了能处理更大量的数据外，数据库服务器的计算引擎还将分析和处理数据的时间由小时级减少到秒级。

- **提高数据的安全性** 把数据保存在 Oracle Database 中会保持数据的安全。这样一来，通过构建数据库中数据的不同子集而减少了数据在组织内的扩散。为了确保用一种对所有访问数据的人来讲都一视同仁的方式来保护数据，Oracle Database 的所有典型的数据安全特性都是可用的。类似地，分析所产生的任何新数据也都是在 Oracle Database 中所启用的安全策略之下产生的。

- **处理全部数据** 随着数据量的增长，你会发现自己在本地 R 环境对数据的子集进行处理。当使用 Oracle R Enterprise 时，可使用数据库服务器的性能和可扩展性的特性来处理全部数据。你不再必须创建不同的子集或对数据进行抽样。可以处理全部数据，其数据量可以达到或超过数十亿条记录。

- **在数据库中存储 R 对象** 随着分析环境的变大，将会创建不同的数据集合和 R 对象。在一个传统的 R 环境中，把这些对象分享给团队中的其他成员是很困难的。Oracle R Enterprise 允许你利用 Oracle R Enterprise datastore 把这些对象存储到 Oracle Database 中，然后分享给分析团队的其他成员。

- **创建 R 的图表(chart)和图形(graphic)** R 语言有大量的生成图表和图形的特性和软件包。因为有了能用新软件包来补充 Oracle R Enterprise 的能力，也便具有了扩展的分析、制表、制图能力。另外，这些能力也可表现在终端用户的应用程序中，诸如 OBIEE、BICS 和 APEX，因为 Oracle R Enterprise 自带一个 SQL API 集合。这些 API 可用来在应用程序中展示使用 R 所产生的图表和图形。

- **建立预测模型并给数据打分(score)** 可通过对驻留在数据库中的数据使用不同的 R 软件包和数据库自带的数据挖掘算法来建立高级分析和预测模型。这些模型可原封不动地存储在 Oracle Database 中并用来批量地或实时地对新数据进行打分或标记。

- **嵌入式 R 执行** 嵌入式 R 执行允许你存储和运行 Oracle Database 的 Oracle R Enterprise datastore 中的 R 脚本。当执行这些 R 脚本时，Oracle Database 会管理 R 进程的创建，针对某些嵌入式 R 执行函数，这些进程还可以在数据库服务器上对数据的不同分区进行并行处理，因而充分利用了数据库服务器的性能和扩展性。

- **易于和你的技术架构集成**　Oracle R Enterprise 可以很容易地被集成进你的技术环境中。它可以和你的许多后端和前端应用程序集成起来，以便能够在存储数据的机器上对数据就地进行 R 分析。因为有了 ORE SQL API 函数，可以很容易地运行 R 脚本来生成和处理分析并将任何结果返回给利用 SQL 的用户或调用这些函数的应用程序。同样，也可以把由 R 产生的图表和图形集成到应用程序中。
- **易于利用 R 软件包扩展分析**　R 的生态系统是非常活跃的，新的算法和分析会以新的或升级的 R 软件包的形式发布出来。可以通过把 R 软件包纳入(安装)数据库服务器中来扩展 Oracle Database 和 Oracle R Enterprise 的分析能力。这些随后会被用于分析，或用于使用嵌入式 R 执行的应用程序中。
- **易于部署和产品化 R 分析**　通过 Oracle R Enterprise 可以把 R 脚本存储在 Oracle Database 中。这使得可以把这些 R 脚本和它们所产生的分析结果展现给组织中的其他人。前面曾提到，可以把由 R 软件包产生的图形和图表包含到应用程序中。对于任何使用存储在 R 脚本中的 R 所进行的分析来讲，这同样适用。通过利用 SQL API 函数，可以无缝地将 R 脚本集成到应用程序中。这些应用程序可以是分析仪表盘以及公司所依靠的日常业务应用程序。也可以把你的 ORE 分析包含到后端或批处理程序中，以便建立能够基于 R 分析自动进行决策的高级工作流。

1.5　Oracle 的 R 技术

除了 Oracle R Enterprise 之外，Oracle 还有大量的能够使用 R 语言或支持在不同环境中使用 R 语言的好产品。表 1-3 给出了 Oracle 的主要 R 技术产品。

表 1-3　Oracle 的主要 R 技术产品

Oracle 的产品	描述
Oracle R Distribution	Oracle R Distribution 是开源 R 语言的 Oracle 支持的再发布版本。Oracle R Distribution 还支持大量的外部资源库，诸如 Intel 的 Math Kernel Library (MKL)、AMD 的 ACML 和 Oracle Sun 的针对 Solaris (BLAS and LaPack)的性能资源库。这些资源库专门设计用来优化一些在相关的硬件上运行的基于矩阵的 R 函数的性能
	Oracle R Distribution 对任何人都是免费的
	Oracle 向所有得到 Oracle Advanced Analytics 选件、Oracle Linux 或 Oracle Big Data Appliance 许可的客户提供支持
	推荐将 Oracle R Distribution 和 Oracle R Enterprise 一起使用
ROracle	ROracle 是一个开源的 R 软件包。它被设计用于对从 Oracle Database 中读取数据和向 Oracle Database 中写入数据进行高度优化。ROracle 软件包提供了一个遵循 DBI 的函数集合,且给出了比其他替代产品(诸如 RODBC 和 RJDBC)高得多的性能提升。另外，ROracle 支持使用 NUMBER、VARCHAR2、TIMESTAMP 和 BINARY_DOUBLE 等数据类型

(续表)

Oracle 的产品	描述
ROracle	ROracle 对任何人都免费以便人们使用，能够从 Oracle 的网站或从 CRAN 的网站或镜像之一下载
Oracle R Advanced Analytics for Hadoop	Oracle R Advanced Analytics for Hadoop (ORAAH) 是 Oracle Big Data Connectors 的一个成分。ORAAH 提供了一个 R 函数集合，能够通过 Hive 的透明性连接并操作存储于 HDFS 之上的数据。 ORAAH 允许你构建 map-reduce 分析并使用预先打包好的可通过一个 R 接口使用的算法。另外，还可以与 Apache Spark 以及其他工具和语言相集成，以便获得多层神经网络和逻辑回归的更高性能

除了表 1-3 中所列的产品外，Oracle 已经开始致力于把 R 语言集成到其他产品中。例如，R 语言已被作为 OBI 环境的一个成分来安装了。已经创造了大量的接口使你能使用 R 语言的各种特性把分析结果和图形添加到分析报告和仪表盘中。

1.6 客户如何使用 Oracle R Enterprise 和 Oracle Advanced Analytics

观察和理解其他公司是如何使用 Oracle Advanced Analytics 的，会有助于你理解在自己的公司中如何使用这个选件。Oracle Advanced Analytics 具有广泛的客户基础，涵盖了许多行业和项目类型。Oracle Advanced Analytics 的一些客户已经把他们项目的细节通过各种会议和出版物共享了出去。下面给出了这些客户的一个例子，介绍了他们如何使用 Oracle Advanced Analytics 来更有益地运行他们的业务。

StubHub StubHub 是一个在线市场，给买家和卖家提供体育赛事、音乐会、电影和其他实况娱乐活动的票务服务。StubHub 的数据科学家团队已经能够通过利用 R 语言的开发活动来获得广泛的、大量的预测和客户分析，并把这些成果嵌入 Oracle Database 中。通过这样做，他们就有可能把这些成果与数据仓库的架构完全集成在一起，并能把高性能的数据挖掘算法和开源的 R 语言组合起来，以使预测分析、数据挖掘、文本挖掘、统计分析、高级数值计算和图形交互都能在数据库中进行。

CERN CERN 是欧洲核研究组织，运营着世界上最大的粒子物理实验室。除了是 World Wide Web 的诞生地外，最近一段时期以来，CERN 以粒子加速器实验而闻名。CERN 正在使用 Oracle R Enterprise 和 Oracle Database 分析其由各类试验产生的每年多达 30 PB 的新数据的某些部分。

An Post An Post 是爱尔兰国家邮政总局，它也通过其自有的和授权经营的分支机构的网络提供大范围的银行和金融服务。每天，An Post 的员工通过一支由 2738 辆汽车和 1645 辆自行车组成的车队收集、处理和投递超过 250 万份邮件到 220 万个企业或住宅地址。另外，每周它都会通过自己唯一的国家网络为 170 万客户服务，这个网络有着遍布全国的 1100 个邮局和超过 2000 个位于零售店内的 PostPoint 支付渠道。An Post 正在使用 Oracle Database 和 Oracle Advanced Analytics 对超过 20 亿条内部交易信息进行分析，通过将当日的分析结果传递给易用的仪表盘来优化现金管理并减少诈骗。

Financiera Uno Financiera Uno 提供金融服务，包括信用卡和金融经纪业务，从第三方接收存款、提供债券以及获取和交易存款凭证。Financiera Uno 在其数据仓库环境内正在使用 Oracle Database 的 in-database 能力以及 Oracle Advanced Analytics。这使得它们能够快速地为其商业和收集部门开发风险模型而不用把数据提取到其他分析环境中。

Turkcell Turkcell 是土耳其最大的移动通信运营商之一，拥有超过 350 万的用户。电信诈骗和使用电信产品及服务却拒不缴费是 Turkcell 面临的主要问题。此类不正常的行为是因为它们所发行的带有网络品牌的匿名预付费卡而产生的，这也是洗钱者常用的伎俩，尤其是因为这些卡可以当现金钱包来用——例如，在 ATM 机上取现金。Turkcell 正在使用 Oracle Advanced Analytics 来快速地创建和部署反诈骗模型，并快速更新这些模型以便跟上诈骗变化的步伐。

Dunnhumby/84.51° Dunnhumby 是一家为世界上一些最大的零售品牌提供服务的主要的全球忠诚卡分析公司。通过实施 Oracle Advanced Analytics 和 Oracle Database，他们已经能够把处理客户数据的时间和生成客户预测模型的时间从周级减少到小时级。通过利用 Oracle Database 的计算能力，再加上 Oracle Advanced Analytics 的性能，他们已经能够针对结构化和非结构化数据生成预测模型了。

还有更多客户，他们使用 Oracle Advanced Analytics 来更深刻地洞悉数据并更有效地管理其客户。查看 Oracle 有关 Oracle Advanced Analytics 的网页可以得到更多客户及其项目的例子。也可以关注在 Oracle Open World 和世界各地召开的其他 Oracle 和 Oracle User Group (OUG)会议上发布的客户案例研究。

1.7 小结

本章提供了一个有关 Oracle R Enterprise 和它如何与 Oracle Database 一起工作的概览。还介绍了 Oracle R Enterprise 的一些优点以及世界各地的一些公司是如何使用 Oracle R Enterprise 和 Oracle Advanced Analytics 选件来帮助自己更好地了解业务。本书的目标是帮助你更好地理解 Oracle R Enterprise。你将学到如何使用这个产品的绝大多数特性和能力，以及本产品是如何与 Oracle 的其他一些产品一起使用的。

第 2 章

安装 Oracle R Enterprise

Oracle R Enterprise 是 Oracle Database Enterprise Edition 的 Oracle Advanced Analytics 选件的一个组成部分。在开始使用 Oracle R Enterprise 之前，首先要完成许多安装步骤。安装过程分为两个主要部分。第一部分是在 Oracle Database Server 上安装的步骤。第二部分是在数据分析员和数据科学家将要使用的客户机上安装的步骤。另外，本章还说明了开始安装前必须完成的先决条件。

2.1 安装的先决条件

在安装 Oracle R Enterprise 之前，需要具备以下先决条件：

- 已经安装了 Oracle Database 12*c* 或 11*g* R2 的 Enterprise Edition。
- 知道 Oracle Database 或 Pluggable Database 的 SID 或 Service Name。
- 要有 SYS 口令，或在进行到相关步骤时要能得到 DBA 的支持。

- 已经下载了 Oracle R Enterprise Server 和支持软件包的适用于你的 Server 操作系统的安装文件。
- 已经在客户机上安装了 Oracle Client 软件。
- 已经下载了 Oracle R Enterprise Client 和支持软件包的适用于你的客户机操作系统的安装文件。

另一个有用的步骤是安装 Oracle Sample Schema。尽管这些对于安装和使用 Oracle R Enterprise 来讲并不是必需的，但它们却提供了一个极好的、预先准备好的数据集，可以对它进行处理并学会 Oracle R Enterprise 是如何工作的。

注意

Oracle Sample Schema 的一些数据会在遍布本书的各种例子中用到。如果你愿意跟着做所有这些例子，就需要与 Oracle DBA 进行沟通以便获得对 Oracle Sample Schema 数据的必要权限。

2.2　设置 Oracle Database

Oracle R Enterprise 是 Oracle Database 的 Enterprise Edition 中的 Oracle Advanced Analytics 选件的一个组成部分。Oracle Advanced Analytics 选件从 Oracle Database 的 Enterprise Edition 的 11.2.0.1 版本开始就有了，在 Oracle Database 12*c* 中也有。在安装数据库时，Oracle Advanced Analytics 选件就已经被默认地安装和启用了。除了 Oracle Advanced Analytics 选件之外，还需要在数据库中安装并启用 Oracle Text 选件，因为数据库自带的 Oracle Data Mining 特性中的某些特性要用到它。如果数据库安装完成后，Advanced Analytics 是禁用的，就需要告知 DBA 以便启用这一选件。

使用 chopt 命令可以启用 Advanced Analytics 选件。chopt 命令可用来启用或禁用数据库的选件，如表 2-1 所示。

表 2-1　数据库选件

数据库选件	描述
dm	Oracle Data Mining 的 RDBMS 文件。这是针对 Advanced Analytics 选件的选件
olap	Oracle OLAP
partitioning	Oracle 分区
rat	Oracle Real Application Testing

在改变这个选件之前，需要停止数据库服务，在操作系统命令行下执行完如下命令后，再重启数据库服务：

```
chopt enable dm
```

如果你使用的是 Oracle Database 11*g* 的 Enterprise Edition 的 11.2.0.1 或 11.2.0.2 版，还需要安装 11678127 补丁以便把 Oracle Advanced Analytics 和 Oracle R Enterprise 所需的一些必要特性包含进来。在 Oracle Database 的 11.2.0.3 和 11.2.0.4 版中已经包含了这个

补丁，所以不必再安装了。

注意

需要请 Oracle DBA 检查一下 Oracle Support (MOS)，看看是否有与 Oracle Advanced Analytics 选件相关的补丁以及针对与当前所用的 Oracle Database 版本相对应的 Oracle R Enterprise 的补丁。

Oracle R Enterprise 使用 EXTPROC 来支持 R 代码在数据库中的嵌入式执行。EXTPROC 是 Oracle Database 所使用的允许运行用其他语言编写的程序的方法，诸如用 C、Java，具体到我们这里，则是用 R 代码编写的程序。EXTPROC 是 Oracle Database 自带的且已经预先配置好了的，Oracle R Enterprise 要用到这个默认的配置。应该向 Oracle DBA 咨询关于 EXTPROC 的配置情况以及是否要做某些必要的改变。例如，在 $ORACLE_HOME/ha/admin/extproc.ora 文件中，变量 EXTPROC_DDLS 可以设为 ANY，也可以是空格(这是默认设置)。当把 EXTPROC 设为 ANY 或仍保留为空格时，便允许调用任何外部过程。

在完成了 Oracle Database 的安装并确信本节所提的要求都已满足时，就可以开始在 Server 和客户机上安装 Oracle R Enterprise。

2.3 安装 Oracle R Enterprise

安装 Oracle R Enterprise 涉及两个主要阶段。第一阶段涉及在 Database Server 上安装 R 和 Oracle R Enterprise。第二阶段涉及在客户机上安装 R 和 Oracle R Enterprise。

本章给出的安装指示是针对 Linux 和 Windows 服务器的，其目标是简化 Oracle R Installation and Administration Guide 中详细说明的安装过程。如果你使用的是不同的平台，可以在该指南中查找与你所用的平台相关的特殊指示。

针对在 Database Server 上安装 Oracle R Enterprise，Oracle 提供了一个安装脚本。收集在接下来的"安装前的要求"一节中所列出的信息，下载 ORE Server 和 ORE Supporting 并解压缩到相同的文件夹中，这两点非常重要。这将会极大地简化安装过程。有关如何执行这些步骤的细节将在本章的 2.3.3 一节"在 Oracle Database Server 上的安装"给出。

注意

一定要确保安装在 Database Server 和 Client 机器上的 Oracle R Enterprise 的软件包的版本是相同的，这一点很重要。还需要确保 Database Server 和 Client 上的 ORE 软件包要同步升级。如果这些方面出现差异，将会得到某些差错信息而且 ORE 代码会无法执行或不能正确执行。

2.3.1 Oracle R Enterprise 的软件包

Oracle R Enterprise 的安装包括一个 Oracle R Enterprise 的核心软件包集合(见表 2-2)

和一个支持 R 软件包集合。这两个软件包集合都需要安装在 Oracle Database Server 和客户机上。

表 2-2　Oracle R Enterprise 的核心软件包

软件包名称	描述
ORE	Oracle R Enterprise 的顶级软件包
OREbase	对应于开源 R 的基本软件包
OREcommon	包含 Oracle R Enterprise 的公用底层功能
OREdm	揭示数据库自带的 Oracle Data Mining 算法
OREeda	包含进行探索性数据分析的函数
OREembed	支持在数据库中进行 R 的嵌入式执行
OREgraphics	对应于开源 R 的图形软件包
OREmodels	包含进行高级分析建模的函数
OREpredict	启用利用 R 模型在 Oracle Database 中给数据打分的功能
OREserver	包含 Oracle R Enterprise Server 所使用的函数
OREstats	对应于开源 R 的 stats 软件包
ORExml	支持在 R 和 Oracle Database 之间进行 XML 方式的传输

　　Oracle R Enterprise 的下载网站上有针对 Oracle Database 和客户机的专门的下载文件。所以，需要留心自己所下载的是文件的正确版本。表 2-2 列出了 Oracle R Enterprise 的专有软件包。

　　表 2-3 所示的是一个专门支持 Oracle R Enterprise 的核心软件包的开源程序的集合。

表 2-3　Oracle R Enterprise 的支持软件包

软件包名称	描述
arules	允许使用频繁项集(frequent item set)和关联规则。提供对表示、操作和分析交易数据和结果模式的支持
Cairo	支持在 Oracle Enterprise Server 上进行图形绘制
DBI	定义 R 和 Oracle Database 之间通信的数据库接口
png	支持 Oracle R Enterprise 对象的 PNG 图片(images)的读写
randomForest	支持在 ORE 中实现 randomForests
ROracle	针对基于 R 的 Oracle Call Interface (OCI)的 Oracle Database 接口
statmod	提供大量的统计建模函数

2.3.2　安装前的要求

　　下面的安装前要求详细说明了在开始在 Server 和客户机上安装 Oracle R Enterprise 之前需要知道或需要准备好的项目。除本章前面列出的预备条件外，还必须满足以下这些要求。

Oracle Database Server 端的要求：

- 验证 Oracle Database Server 平台是否支持 Oracle R Enterprise。
- 检查 Oracle Database 的版本是否支持 ORE。
- 启用 Oracle Advanced Analytics。
- 需要知道 SYS 口令和 SID 的名称或 Oracle Database 的 Service Name。
- 需要知道保存 ORE 的元数据和系统对象的表空间(tablespace)的名称。这常是 SYSAUX 表空间。
- 检查这个表空间是否有足够的容量。如果不够，则请 DBA 多分配一些。
- 知道临时表空间的名称。通常是 TEMP 表空间。
- 知道保存 ORE User Schema 的默认表空间(例如 USERS 表空间)。
- 为 ORE 的系统账户 RQSYS 确定一个口令(例如 RQSYS)。这个模式在 ORE 的安装过程中被创建出来并且仅在这个安装过程中使用。一旦安装过程结束，RQSYS 模式就会用一个过期口令锁闭。RQSYS 模式没有 CREATE SESSION 的特权。
- 给第一个 ORE User Schema 指定一个名称并确定一个口令。这个模式将在 ORE 的安装过程中创建出来(例如：ore_user/ore_user)。
- 检查是否设置了 ORACLE_HOME 和 SID 环境变量。

Oracle Client Machine 端的要求：

- 验证客户端的操作系统支持 Oracle R Enterprise。
- 确保 Oracle Client 安装在客户机上。

注意

前面列表中给出的示例口令用于说明，它们将用在后续的安装说明中。这些口令是不安全的，你需要和 DBA 商讨应该使用什么口令。具体而言，SYS 口令不应该共享。如果使用了前面建议的口令 RQSYS，则 DBA 应该在随后改掉这个口令。

2.3.3　在 Oracle Database Server 上的安装

本节详细说明在 Database Server 上安装 Oracle R Enterprise 所需的步骤。在开始安装之前，需要完成前一节中提到的那些步骤。另外，在安装过程中，将会用到前一节中提供的某些信息。

图 2-1 概括了在 Oracle Database Server 上安装 Oracle R Enterprise 时所涉及的步骤。下面各节详细介绍了这些步骤中的每一步都需要什么。

1. 安装 Oracle R Distribution

为在 Oracle Database Server 上使用 Oracle R Enterprise，需要安装一个 R 软件。为了安装 R，有两个选择是对你开放的。第一个是安装 Oracle 所提供的 R 版本。这被称为 Oracle R Distribution。

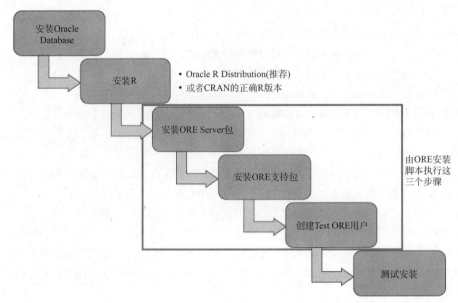

图 2-1　在 Oracle Database Server 上安装 Oracle R Enterprise 的步骤

　　第二个选择是安装你正在安装的 Oracle R Enterprise 版本所要求的那个版本的 R。如果选择了第二个方案，则所安装的是正确版本的 R，这一点至关重要，否则，Oracle R Enterprise 可能不工作。

　　Oracle 推荐使用 Oracle R Distribution，这是一个 Oracle 提供的单独维护和支持的 R 版本。另外，Oracle 已经开始着手与若干资源库进行集成，诸如 Intel Math Kernel Library (MKL)和 Sun Performance Library。这些资源库提高了一些数学函数的性能，包括 BLAS 和 LAPACK，以便确保它们能利用底层硬件的独特优势。

　　如果你更愿意使用从 CRAN 的 R 网站得到的 R 版本，就需要检查该版本的 R 是不是你正在安装的 Oracle R Enterprise 版本所需要的。查看 Oracle R Enterprise 网站和 Oracle R Enterprise Installation and Administration Guide 以获得关于 Oracle R Enterprise/ Oracle R Distribution/Open Source R 的支持矩阵(support matrix)。

　　为了安装 Oracle R Distribution，你需要从 Oracle Open Source Download 网页(https://oss.oracle.com/ORD)下载这个软件。

　　在这个网站上，选择要下载的那个版本的 Oracle R Distribution。下载完成后，解压这个文件，然后运行可执行程序进行安装。在安装期间，不需要再输入任何信息，当这一过程完成后，R(Oracle R Distribution 版)就已经安装到服务器上了。

　　唯一要执行的后安装步骤是把指向 Oracle R Distribution 的 bin 文件夹的完整路径添加到 PATH 环境变量中。

　　在 Linux 上，可以使用 YUM 自动下载并安装 Oracle R Distribution。为了启用 YUM 以便下载和安装 Oracle R Distribution，需要对位于/etc/yum.repos.d 的 YUM 的资源库(repository)文件进行编辑。下面的例子说明了作为根用户需要执行的步骤和做出的改变：

```
cd /etc/yum.repos.d
vi yum.repos.d
```

对于 Oracle Linux 5 或 Oracle Linux 6，找到下面的字段并按照加粗高亮显示的那样进行改变。另外注意，其中的 olX 既可以是 ol5，也可以是 ol6，要视所使用的 Oracle Linux 版本而定。

```
[olX_latest]
enabled=1
[olX_addons]
enabled=1
```

如果使用的是 Oracle Linux 7，还要额外对 YUM 的资源库文件进行如下改变：

```
[ol7_optional_latest]
enabled=1
```

完成这些改变后，就已准备好运行 yum.repos.d 脚本以便下载和安装 Oracle R Enterprise 了。执行这个脚本也将下载并运行任何可用的操作系统的其他更新程序。为下载并开始安装，可运行如下命令：

```
yum install R.x86_64
```

这个命令安装最新版本的 Oracle R Distribution。如果想要安装一个稍微旧一点的 Oracle R Distribution 版本，可指定版本号。例如，对于 Oracle R Enterprise 1.5，就需要安装 Oracle R Distribution 3.2.0。下面是针对此问题的一个例子：

```
yum install R.XXX
```

其中，XXX 是所指定的版本号，例如，3.0.1、3.1.1 等。

升级完成时，Oracle R Distribution 也就安装好了。现在便可以运行 R 软件并通过运行 R 命令来使用大量的统计函数了，像下面这样：

```
$ R
```

有关在其他平台(如 Exadata)上安装 R 或 Oracle R Distribution 的详细说明，可在 Oracle R Enterprise Installation and Administration Guide 中找到，这个文件可从 Oracle R Enterprise 的网站得到。

2. 安装 Oracle R Enterprise Server 和支持软件包

本节将遍历安装 Oracle R Enterprise Server 软件包和 Supporting 软件包涉及的所有步骤。这里所安装的 Oracle R Enterprise 版本是 Oracle R Enterprise 1.5。如果想安装不同版本的 Oracle R Enterprise，需要查看 Oracle R Enterprise 网站和支持文档，看看是否有特殊要求。例如，对于 Oracle R Enterprise 1.5，就需要安装 Oracle R Distribution 3.2.0。

本节详细介绍的安装步骤是在假设你已经具有了 2.3.2 一节 "安装前的要求" 中所要求的所有信息的情况下给出的。你会需要这些信息中的绝大部分来完成这些 R 软件包的安装。当把 Oracle R Enterprise 软件包和支持软件包安装在 Database Server 后，它们就会支持 Oracle Database 中的嵌入式 R 执行。

第一步是从 Oracle R Enterprise Download 网站下载并解压 Oracle R Enterprise Server 和 Supporting 软件包。要确信所下载的这些文件的版本与 Database Server 的操作系统相对应。

这两个下载文件应该解压到同一个用户创建的安装文件夹(例如 ORE_Server_Install)中。做完这些后，这个安装文件夹应该像下面的文件夹列表一样：

```
/ORE_Server_Install
    /ore-server-linux-x86-64-1.5.zip
    /ore-supporting-linux-x86-64-1.5.zip
    /server.sh
    /server
    /supporting
```

注意

如此处所示的那样，把 Server 和 Supporting 软件包解压到同一个文件夹中是非常重要的，因为这样会简化 Oracle R Enterprise 的安装。否则，必须在完成 Server 软件包的安装之后，作为一个单独的步骤，来安装支持 R 的软件包。

---

server.sh 文件(或者，在 Windows 服务器上是 server.bat)是用来安装 Oracle R Enterprise Server 和支持软件包的批处理文件。运行这个文件有两种选择。第一种是批处理方式，这种方式可以用命令行指定所有参数。为查看所有可用的参数，可以运行：

```
./server.sh .help
```

运行这一脚本的另一种方法是用交互方式：

```
./server.sh
```

在运行这个服务器安装脚本前，应该已经设置了 ORACLE_HOME 和 ORACLE_SID 环境变量。

如果正在运行的是 Oracle 12*c* Database，可以把 ORACLE_SID 设置成 Pluggable Database(PDB)的名字。当安装过程中提示要求输入 SYS 口令时，可能需要在该口令之后加上 PDB 的名字。如果正在使用的是 Oracle 11*g* R2 Database，输入 SYS 口令后，不需要再加上任何东西。

下面的列表展示了服务器安装脚本的互动运行。加粗高亮的部分表示的是需要针对每一个提示符输入的内容。2.3.2 节已经列出了各项输入要求。

```
[oracle@localhost ORE_install]$ ./server.sh -i

Oracle R Enterprise 1.4.1 Server.

Copyright (c) 2012, 2014 Oracle and/or its affiliates. All rights reserved.

Checking platform .................. Pass
Checking R ......................... Pass
Checking R libraries ............... Pass
Checking ORACLE_HOME ............... Pass
Checking ORACLE_SID ................ Pass
Checking sqlplus ................... Fail
    Enter SYS password: XXXXXX@PDB12C
Checking sqlplus ................... Pass
Checking ORACLE instance ........... Pass
```

```
Checking CDB/PDB ................... Pass
Checking ORE ...................... Pass

Choosing RQSYS tablespaces
    PERMANENT tablespace to use for RQSYS [list]: SYSAUX
    TEMPORARY tablespace to use for RQSYS [list]: TEMP
Choosing RQSYS password
    Password to use for RQSYS: RQSYS

Choosing ORE user
    ORE user to use [list]: ore_user
Choosing ORE_USER tablespaces
    PERMANENT tablespace to use for ORE_USER [list]: USERS
    TEMPORARY tablespace to use for ORE_USER [list]: TEMP
Choosing ORE_USER password
    Password to use for ORE_USER: ore_user

Current configuration
    R Version ..................... Oracle Distribution of R version 3.2.0
                                    (2012-06-22)
    R_HOME ........................ /usr/lib64/R
    R_LIBS_USER ................... /home/oracle/app/oracle/product/12.1.0
                                    /dbhome_1/R/library
    ORACLE_HOME ................... /home/oracle/app/oracle/product/12.1.0/dbhome_1
    ORACLE_SID .................... PDB12C
    Existing R Version ............ None
    Existing R_HOME ............... None
    Existing ORE data ............. None
    Existing ORE code ............. None
    Existing ORE libraries ........ None

    RQSYS PERMANENT tablespace ...... SYSAUX
    RQSYS TEMPORARY tablespace ...... TEMP

    ORE user type ................... New
    ORE user name ................... ORE_USER
    ORE user PERMANENT tablespace ... USERS
    ORE user TEMPORARY tablespace ... TEMP
    Grant RQADMIN role .............. No

    Operation ..................... Install/Upgrade/Setup

Proceed? [yes] yes

Removing R libraries .............. Pass
Installing R libraries ............ Pass
Installing ORE libraries .......... Pass
Installing RQSYS data ............. Pass
Configuring ORE ................... Pass
Installing RQSYS code ............. Pass
Installing ORE packages ........... Pass
Creating ORE script ............... Pass
Installing migration scripts ....... Pass
```

```
Installing supporting packages ..... Pass
Creating ORE user ................. Pass
Granting ORE privileges ........... Pass

Done
[oracle@localhost ORE_install]$
```

提示

当提示输入表空间名称时，应该全部输入大写字母。当提示输入 ORE 用户名和口令时，应该全部输入小写字母。

现在就已经把 Oracle R Enterprise 安装到 Oracle Database Server 上。下一步是在客户机上安装和配置 Oracle R Enterprise。

2.3.4 安装客户端

任何使用 Oracle R Enterprise 的数据分析师或数据科学家都要在他们的机器上安装 R 软件，还要在客户机上安装必要的 Oracle R Enterprise 和 Supporting 软件包。图 2-2 给出了客户端的安装过程。

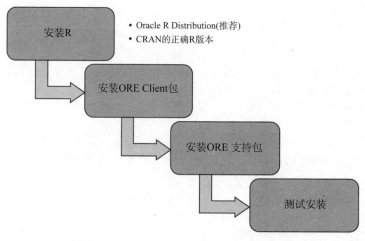

图 2-2 Oracle R Enterprise 在客户端的安装

客户机上安装的 R 的版本要和 Oracle Database Server 上安装的 R 版本或 Oracle R Distribution 版本相匹配，这一点很重要。如果用了不同版本的 R，在试图建立一个到数据库的 ORE 连接时，就会出错。

客户机安装前的唯一要求是 Oracle Instant Client 或 Oracle Database Client 必须已经提前安装完毕。这两个软件都能从 Oracle Download 网站获取。这个软件允许高效组网以及与 Oracle Database 通信。

1. 在客户机上安装 R

当进展到在客户机上安装 R 这一步时，会有两种选择，这和在 Oracle Database Server 上安装 R 时一样。可以下载并安装 Oracle R Distribution 或下载并安装与 Database Server

上所安装的 R 版本相匹配的那个版本的 R。

　　Oracle 推荐使用 Oracle R Distribution,这是一个 Oracle 提供的单独维护和支持的 R 版本。

　　要在 Windows 客户机上安装 Oracle R Distribution,需要从 Oracle Open Source Download 网页下载相关软件(https://oss.oracle.com/ORD)。

注意

在旧版本中,在 Oracle Database Server 上安装 Oracle R Enterprise 1.5。这个 Oracle R Enterprise 版本要求安装 Oracle R Distribution 3.2.0。在客户机上也需要安装这两个版本的软件。

　　如果你更愿意使用从 CRAN 的 R 网站得到的 R 版本的话,就需要检查该版本是不是你正在安装的 Oracle R Enterprise 版本所需要的。查看 Oracle R Enterprise 网站和 Oracle R Enterprise Installation and Administration Guide 以便获得针对 Oracle R Enterprise/Oracle R Distribution/Open Source R 的支持矩阵。

　　唯一要执行的后安装步骤是把指向 Oracle R Distribution 的 bin 文件夹的完整路径添加到 PATH 环境变量中。

　　现在可以快速检查一下 Oracle R Distribution 或 R 是否已经安装就绪。打开一个命令窗口,试一下下面的命令:

```
> R
```

　　R 的命令行界面应用程序将被打开。或者,通过输入下面的命令打开 R 的 GUI,如图 2-3 所示。

```
> rgui
```

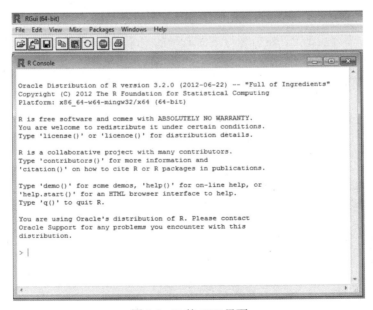

图 2-3　R 的 GUI 界面

2. 安装 Oracle R Enterprise 客户端和支持软件包

为在客户机上安装 Oracle R Enterprise，需要从 Oracle R Enterprise 网站下载并解压 Oracle R Enterprise Client 和 Oracle Supporting 软件包。需要注意，要下载这些软件包的正确版本，并且要与安装在 Oracle Database Server 上的版本相匹配。

下载完这些压缩文件后，便可以把它们解压到同一个文件夹中(例如 ORE_Client _Install)。解压完成后，该文件夹应该包含下面的内容(以 ORE1.5 为例)：

```
···\ORE_Client_Install
    \client
        \ORE_1.5.zip
        \OREbase_1.5.zip
        \OREcommon_1.5.zip
        \OREdm_1.5.zip
        \OREeda_1.5.zip
        \OREembed_1.5.zip
        \OREgraphics_1:5.zip
        \OREmodels_1.5.zip
        \OREpredict_1.5.zip
        \OREstats_1.5.zip
        \ORExml_1.5.zip
    \supporting
        \arules_1.1-9.zip
        \Cairo_1.5-8.zip
        \DBI_0.3.1.zip
        \png_0.1-7.zip
        \randomForest_4.6-10
        \Roracle_1.2-1.zip
        \statmod_1.4.21.zip
```

安装这些软件包时，会有两种选择。第一种是在 R 中使用 install.packages 函数。为使用这个函数，需要启动 R，然后运行下面所示的安装 Oracle R Enterprise 的核心软件包和 Supporting 软件包的命令：

```
> ## Install the Oracle R Enterprise Client Packages
> ##
> ## Need to ensure your Client has the correct version of R
> ## or Oracle R Distribution
> ##
> install.packages("C:/app/ORE_Client_Install/client/ORE_1.5.zip")
> install.packages("C:/app/ORE_Client_Install/client/OREbase_1.5.zip")
> install.packages("C:/app/ORE_Client_Install/client/OREcommon_1.5.zip")
> install.packages("C:/app/ORE_Client_Install/client/OREdm_1.5.zip")
> install.packages("C:/app/ORE_Client_Install/client/OREeda_1.5.zip")
> install.packages("C:/app/ORE_Client_Install/client/OREembed_1.5.zip")
> install.packages("C:/app/ORE_Client_Install/client/OREgraphics_1.5.zip")
> install.packages("C:/app/ORE_Client_Install/client/OREmodels_1.5.zip")
> install.packages("C:/app/ORE_Client_Install/client/OREpredict_1.5.zip")
> install.packages("C:/app/ORE_Client_Install/client/OREstats_1.5.zip")
> install.packages("C:/app/ORE_Clien_Install/client/ORExml_1.5.zip")
```

```
> ## Install the ORE Supporting packages
> install.packages("C:/app/ORE_Client_Install/supporting/arules_1.1-9.zip")
> install.packages("C:/app/ORE_Client_Install/supporting/Cairo_1.5-8.zip")
> install.packages("C:/app/ORE_Client_Install/supporting/DBI_0.3.1.zip")
> install.packages("C:/app/ORE_Client_Install/supporting/png_0.1-7.zip")
> install.packages("C:/app/ORE_Client_Install/supporting/randomForest_4.6-10.zip")
> install.packages("C:/app/ORE_Client_Install/supporting/ROracle_1.2-1.zip")
> install.packages("C:/app/ORE_Client_Install/supporting/statmod_1.4.21.zip")
```

另一种方法是使用命令行选项。下面所列的代码对此进行了说明，它们是在操作系统的命令行执行的：

```
R CMD INSTALL C:/app/ORE_Client_Install/client/OREbase_1.5.zip
R CMD INSTALL C:/app/ORE_Client_Install/client/OREcommon_1.5.zip
R CMD INSTALL C:/app/ORE_Client_Install/client/OREdm_1.5.zip
R CMD INSTALL C:/app/ORE_Client_Install/client/OREeda_1.5.zip
R CMD INSTALL C:/app/ORE_Client_Install/client/OREembed_1.5.zip
R CMD INSTALL C:/app/ORE_Client_Install/client/OREgraphics_1.5.zip
R CMD INSTALL C:/app/ORE_Client_Install/client/OREmodels_1.5.zip
R CMD INSTALL C:/app/ORE_Client_Install/client/OREpredict_1.5.zip
R CMD INSTALL C:/app/ORE_Client_Install/client/OREstats_1.5.zip
R CMD INSTALL C:/app/ORE_Client_Install/client/ORExml_1.5.zip

R CMD INSTALL C:/app/ORE_Client_Install/supporting/arules_1.1-9.zip
R CMD INSTALL C:/app/ORE_Client_Install/supporting/Cairo_1.5-8.zip
R CMD INSTALL C:/app/ORE_Client_Install/supporting/DBI_0.3.1.zip
R CMD INSTALL C:/app/ORE_Client_Install/supporting/png_0.1-7.zip
R CMD INSTALL C:/app/ORE_Client_Install/supporting/randomForest_4.6-10.zip
R CMD INSTALL C:/app/ORE_Client_Install/supporting/Roracle_1.2-1.zip
R CMD INSTALL C:/app/ORE_Client_Install/supporting/statmod_1.4.21.zip
```

至此，就已经完成了在客户机上的 Oracle R Enterprise 的安装。

注意

安装 Oracle R Enterprise 客户端时，假设已经在客户机上安装了 Oracle Database Client 或 Oracle Instant Client。这是 ROracle 软件包所要求的。

2.4 验证 ORE 的安装

完成了 Oracle R Enterprise 在服务器端和客户端的安装之后，便已准备好了进行初始测试，以便确认安装过程已经正确地完成了。下面的示例代码说明了利用 ore.connect 命令建立一个数据库连接的过程。这个连接会连到 ORE_USER 模式，该模式创建于安装 Oracle R Enterprise Server 期间。在本例中，是用服务名称来连接到一个 Oracle Database：

```
> # First you need to load the ORE library
> library(ORE)

> # Create an ORE connection to your Oracle Schema
```

```
> ore.connect(user="ore_user", password="ore_user", host="localhost",
            service_name="PDB12C", port=1521, all=TRUE)
```

现在可以做一些简单检查了。首先检查我们是否连接到数据库。如果对此的响应是
TRUE，表明我们得到了一个打开的到数据库的连接；否则，我们会得到 FALSE。

```
> # Test that we are connected
> ore.is.connected()
 [1] TRUE
```

其次，可列出 Oracle Schema (ORE_USER)中的所有对象。这会包括所有的表和视图。
ORE_USER 模式在安装 Oracle R Enterprise Server 期间被创建出来。到此刻，该模式中
还没有任何对象，这用 character(0)响应来指示。

```
> # List the objects that are in the Oracle Schema.
> # No objects exist if a new schema
> ore.ls()
 character(0)
```

一个附加的验证嵌入式 R 执行的测试要运行下面的 ore.doEval 函数。为运行这个函
数，ORE_USER 需要有数据库的 RQADMIN 权限：

```
> ore.doEval(function() .libPaths() )
```

完成初始检查后，就可以断开对数据库的连接，如下所示：

```
> # Disconnect from the Database
> ore.disconnect()
```

第 3 章会对 ore.connect 命令进行更详细的讨论。

2.5　安装 RStudio

R 语言自带了一个命令行界面和一个非常简单的 GUI 界面。作为一种替代，许多数
据分析员和数据科学家会使用大众工具 RStudio (www.rstudio.com)。RStudio 有开源版和
商业版。另外，还有一个 RStudio Server 版，允许所有使用 R 的工作都可以在一台中央
服务器上进行。

RStudio 提供了一个集成开发环境(Integrated Development Environment，IDE)，能够
使我们在一个地方利用 R 项目的所有成分进行工作。图 2-4 给出了一个 RStudio 例子，
可以利用 R 脚本工作，使用 R 控制台，查看自己环境中所有的变量和数据集，很容易地
访问 R 帮助系统，显示所产生的任何图表和图形。

RStudio 可以作为一个开源工具而得到，我们推荐在客户机下载并使用这个工具。安
装过程非常简单。只需要访问 RStudio 网页(www.rstudio.com)，然后下载并运行 RStudio
Desktop 安装器即可。当运行 RStudio 时，会出现一个与图 2-4 非常相似的界面，但直到
开始使用这个工具为止，其中一些字段会是空的。

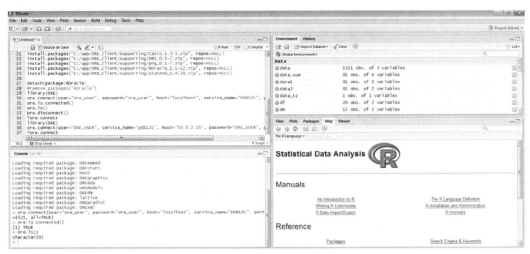

图 2-4　RStudio

2.6　使用 Oracle 的预制应用

为使用 Oracle R Enterprise，需要访问一个 Oracle Database (11*g* R2 或 12*c*)。如果你没有准备好访问一个合适的 Oracle Database 环境或没有得到在 Oracle Database Server 上安装 Oracle R Enterprise 的允许，就会有点卡壳了。一个对你开放的选择是在客户机上建立一个虚拟机。这会涉及安装操作系统、安装 Oracle Database 以及设置模式和数据集，这些有可能会给你带来不便。

作为一种替代方案，可以使用 Oracle 的预制应用中的一个，它们已被预先配置好，自带安装好的 Oracle 软件和示例数据集。在你必须在开发环境中安装该软件(指 Oracle R Enterprise)前，这些预制应用提供了一种非常好的试用该软件的方法。可以把这些应用导入 Oracle VirtualBox 中以得到自己的个人 Oracle 虚拟机。

如果想试试 Oracle R Enterprise 的各种特性，可以把这些预制应用中的一个用作学习环境。Oracle 提供了大量适合使用 Oracle R Enterprise 的预制应用，应用 Oracle OBIEE Sample App 和 Oracle Big Data Lite 已经安装了 Oracle R Enterprise 且已经配置好了。

2.6.1　预制应用 Oracle Database Developer

Oracle Database Developer 自带了最新版本的 Oracle Database，它还有下列安装和配置好的项目：

- Oracle XML DB
- Oracle SQL Developer (包括 Oracle Data Miner 工具)
- Oracle APEX

这个应用还有一套已经设置好的实训实验室和教程。许多 Oracle Technology Network (OTN) Developer Days Hands-on Database Developer 会议使用的正是这个应用。尽管这个应用的这一版本没有安装 Oracle R Enterprise，但使用前面 2.3.3 一节 "在 Oracle Database Server 上的安装" 中给出的指示很容易地就能把它安装上。

可以把这个应用当作 Database Server 和 Client 机来使用。如果你更愿意把这个应用当作 Database Server 来用，就必须在虚拟机的设置中设置转发端口。然后便可以使用 R 和 Oracle R Enterprise 客户端连接到正在虚拟机中运行的 Oracle Database 上。

2.6.2　预制应用 Oracle OBIEE Sample App

预制应用 Oracle OBIEE Sample App 使你能够设置一个虚拟机，该虚拟机有一个 Oracle Database 和已经安装和配置好的完整 Oracle Business Intelligence 产品套件以供使用。这个应用还自带了大量的已经装入数据库的数据集合，并有一个很大的已经建好供使用(explore)的分析、报告和仪表盘集合。这些分析、报告和仪表盘中的一部分显示在图 2-5 中。

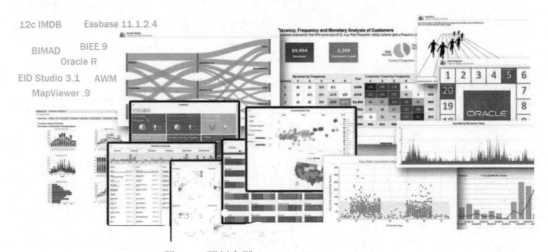

图 2-5　预制应用 Oracle OBIEE Sample App

预制应用 Oracle OBIEE Sample App 自带如下配置好的软件：
- Oracle Business Intelligence Foundation Suite
- Essbase
- Oracle MapViewer
- Oracle BICS Data Sync 工具
- Oracle APEX
- Endeca
- Cloudera
- Oracle Big Data SQL
- Oracle R Enterprise

这个预制应用自带安装和配置好的 Oracle R Enterprise。这使你能通过 Oracle R Enterprise 利用所提供的示例数据集进行各种分析。示例 OBIEE 仪表盘也有大量的例子，说明如何使用 Oracle R Enterprise 的高级分析能力以及这些是如何被包括进该仪表盘的。这些能力极大地扩展了 Oracle Database 中可用的 OBIEE 和各种其他 Oracle 产品内部的功能。

2.6.3　预制应用 Oracle Big Data Lite

Oracle Big Data Lite 预制应用是另一种自带已经安装和配置好的 Oracle R Enterprise 以供使用的虚拟机。Oracle Big Data Lite 应用是一个环境，构建它是为了使你能够开始使用 Oracle Big Data 平台。它包括 Big Data Appliance 和 Oracle Database、使用 Cloudera 的 Hadoop 以及 Oracle 的其他许多管理数据的产品。这个应用具有如下附加的已经安装和配置好的软件并包括大量的数据集：

- Oracle Big Data Discover
- Cloudera Distribution，包括 Apache Hadoop
- Cloudera Manager
- Oracle Big Data Connectors
- Oracle X Query for Hadoop
- Oracle NoSQL Database Enterprise Edition
- Oracle Big Data Spatial and Graph
- Oracle SQL Developer
- Oracle Data Integrator
- Oracle Golden Gate
- Oracle R Enterprise

这个预制应用自带安装和配置好的 Oracle R Enterprise，这使你能在自己的 Big Data 环境中使用 Oracle R Enterprise 利用所提供的示例数据集进行各种分析并使用 R 的高级分析能力。

2.7　小结

本章中，我们遍历了安装 Oracle R Enterprise 时所需的各种安装前的要求。我们也遍历了在 Oracle Database Server 上安装 Oracle R Enterprise 所需的各种步骤及如何在客户机上安装 Oracle R Enterprise。Oracle 提供了大量预制的自带预先配置好的 Oracle R Enterprise 的虚拟机应用。这些是非常好的方式，使你在开发、测试和生产环境中安装 Oracle R Enterprise 之前，能够快速学会并运行一个测试环境。在第 3 章中，我们研究一些在开始使用 Oracle R Enterprise 前将要执行的典型函数。

第 3 章

Oracle R Enterprise 入门

本章主要探讨一些在所有分析项目中都比较常用的 Oracle R Enterprise 函数。后续章节将探索 Oracle R Enterprise 的一些更详细、更高级的特征。

在本章中你将学到：如何创建和管理到 Oracle Database 的连接，如何在数据库中执行 SQL 语句，如何分析 Oracle Database 中的表和视图，如何在数据库中创建对象，如何将数据库对象复制到本地的 R 环境，以及如何使用和管理 ORE datastore。

3.1 创建和管理到数据库的 ORE 连接

在使用 Oracle R Enterprise 之前，首先需要完成的任务是创建一个到 Oracle Database 中的一个模式的连接。下面探讨了与建立一个连接相关的各个方面——从创建一个基本类型的连接到管理该连接。

3.1.1　使用 ore.connect 创建 ORE 连接

在使用 Oracle R Enterprise 时，首先用到的函数之一是 ore.connect，该函数可以创建一个到数据库的连接，并且为模式中的表和视图创建 ORE 代理对象。

R 会话每次只允许有一个打开的 ore.connect 会话。如果想要创建一个新的到 Oracle Database 的 ORE 连接，那么当前打开的连接就必须在新连接打开之前关掉。

使用 ore.connect 可以创建两种类型的连接。主要类型的连接是到 ORACLE 的连接，这是默认类型。我们在全书通篇都会使用这种类型的连接。我们所能拥有的第二种方式的连接是到 HIVE 的连接，当你利用 Oracle R Advanced Analytics for Hadoop (ORAAH) 时，会用到这种类型的连接。

表 3-1 列出了 ore.connect 函数的参数。

表 3-1　ore.connect 函数的参数

参数	描述
user	这是 Oracle Database 中你想要连接的那个模式的名称
password	正要连接的那个 Oracle Schema 的口令
sid	这是 Database SID 的名称，在使用所有设置了 SID 的 12c 数据库和 11g R2 数据库时都会用到它
service_name	这是数据库的 Service Name 的名称。在使用所有设置了 Service Name 的 12c 数据库和 11g R2 数据库时都会用到它
host	这是 Oracle Database 服务器的主机名。可以是服务器的全名或其 IP 地址
port	这是 Oracle Database 的端口号。其典型值是 1521。你需要与 Oracle DBA 确认正确的值
conn_string	该参数可用作另一种指定连接的各种参数的方式。示例如下： conn_string = "dev-server:1521:del01 (ADDRESS=(PROTOCOL=tcp) (HOST=dev-server) (PORT=1521)) (CONNECT_DATA=(SERVICE_NAME=dev.xyz-example.com)))" 该参数也可以在你使用 ORACLE Wallet 管理密码时使用
all	当 all=TRUE 时，ore.connect 函数会自动执行 ore.sync 和 ore.attach。这样会使得 ORACLE 模式中的表和视图都能在 R 会话中可见。该参数的默认值是 FALSE
type	该参数的默认值是 ORACLE。这是你所创建的典型连接。如果连接 Oracle Database，那么不必在使用 ore.connect 时设置该参数。如果要连接 HIVE，当使用 ORAAH 时，就需要在 ore.connect 函数中明确声明

提示

随着时间的推移，当你进行各种分析项目时，数据库对象的数量将越来越大。这会减缓 ore.connect 函数的执行速度并创建不必要的对象。当发生这种情况时，设置 type=FALSE，然后用 ore.sync 函数为你仅在进行分析工作时所需要的模式对象创建代理对象 ore.frame。

以下是建立到 ORE_USER 模式的连接的一个示例，指定了 ore.connect 函数的所有参数。因为这个连接是连接到 Oracle Database 的，所有没有为 type 变量指定值，由于其默认值就是 ORACLE。

```
> # First you need to load the ORE library
> library(ORE)
> # Create an ORE connection to your Oracle schema
> ore.connect(user="ore_user", password="ore_user", host="localhost",
            service_name="PDB12C", port=1521, all=TRUE)
```

在这个例子中，我们设置了 all=TRUE。这将为 ORE_USER 模式中的每个表和视图都创建 ORE 代理对象。这是通过读取这些对象的元数据，然后使用此元数据创建 ORE 代理对象来实现的。

如果你的 Oracle Database 是 11*g* R2 版并设置了 SID，ore.connect 函数将如下所示：

```
> # Create an ORE connection to your Oracle schema using a SID
> ore.connect(user="ore_user", password="ore_user", host="localhost",
            sid="ORCL", port=1521, all=TRUE)
```

在检查是否有一个打开的连接时，ore.is.connected 函数是一种非常有用的方法。可在 R 和 ORE 脚本中使用此函数来轻松地检查是否有打开的连接。在下面的例子中，这段代码检查是否有一个打开的 ORE 连接。如果没检查到，则打开一个到 Oracle Database 的连接。

```
> if (!ore.is.connected())
  {
     message("Not currently connected. Connecting Now")
     ore.connect(user="ore_user", password="ore_user", host="localhost",
                service_name="PDB12C", port=1521, all=TRUE)
  } else {
    message("Already connected")
  }
```

3.1.2　使用 ore.sync 同步数据

使用 ore.connect 建立到 Oracle Database 中的模式的连接时，若设置参数 all= TRUE，则该连接将为模式中的每个表和视图都创建一个 ORE 代理对象。

如果设置了 all=FALSE，那么 ore.connect 就不会检查模式对象，也不会创建任何 ORE 代理对象。当你在建立一个连接之后列出可用对象时，就可以看到这一点，如下面的示例所示：

```
> # List the objects in the Oracle schema. No objects exist if a new schema
> ore.ls()
 character(0)
```

可以使用 ore.sync 函数识别想要包含在 ORE session 中且将要为它们创建 ORE 代理对象的模式对象。例如，如果在模式中有名为 PRODUCTS 和 CUSTOMERS 的表或视图，就可以把它们包含在 ORE session 中，如下例所示：

```
> ore.sync(table=c("PRODUCTS", "CUSTOMERS"))
> ore.ls()
 [1] "CUSTOMERS" "PRODUCTS"
```

提示

指定你要在分析中使用的模式对象可以减少分配给 R 会话的内存。当要连接的模式
有大量对象时，这样做还可加快 ore.connect 的速度。

---

ore.sync 函数有许多参数，如表 3-2 所示。

下面的示例说明了如何用 ore.sync 来包含另一个模式中你要访问的对象：

```
> ore.sync(schema="SH", table=c("COUNTRIES", "SALES"))
```

表 3-2　ore.sync()函数的参数

参数	描述
schema	对象存储于其中的那个模式的名称。默认情况下，这是当前连接的模式名。如果使用了不同的模式名称，则连接模式应该可以访问另一个模式中的对象。 在使用 query 参数时不要使用此参数
table	将为之创建 ore.frame 对象的表和视图的名称。默认值为 NULL
use.keys	当你想用表的主键对 ore.frame 对象中的数据排序时，会使用它。默认值为 TRUE
query	可编写一个查询来返回特定数据集，而不必列出要包含的表和视图。该数据集将由一个 ore.frame 代表。 当使用此参数时，查询必须基于连接模式中的数据(即必须对连接的模式中的数据进行查询)。在使用 query 参数时，不使用 schema 参数

但当你用 ore.ls 函数列出上述对象时，这些额外的表是不会被列出的，因为它们不
是当前连接的模式的一部分。若要列出这些表，你必须在函数调用中指定模式的名称。
下面是一个例子：

```
ore.ls("SH")
```

现在可以把这些 ORE 代理对象赋给一个 R 变量以便在进行数据分析时使用。这一
赋值任务是利用 ore.get 函数完成的。现在，该 R 变量指向了数据库中的对象，所有利用
该 R 变量的函数和操作都将通过透明层在 Oracle Database 中执行：

```
> ds<- ore.get("PRODUCTS")
> class(ds)
 [1] "ore.frame"
attr(,"package")
 [1] "OREbase"
> dim(ds)
 [1] 72 22
```

如果表或视图不在当前连接的模式中，那么需要在 ore.get 函数中包含表或视图所在
的那个模式的名称：

```
> ds2<-ore.get("COUNTRIES", "SH")
```

　　下面的示例说明了如何使用 ore.sync 函数基于一个查询来创建 ORE 代理对象。调用 ore.sync 函数时未包含模式名，因为当前任务只使用当前连接的模式。若要为自己的数据建立多个不同的子集，该函数是非常有用的。

```
> ore.sync(query = c("COUNTRY_COUNT" = "SELECT cc.country_name, count(c.cust_id)
                           FROM   customers c,
                                  countries cc
                           WHERE  c.country_id = cc.country_id
                           GROUP BY cc.country_name"))
```

　　如果一条 ore.sync 命令中有多个查询，那么每一个查询都需要有不同的名称。当你使用 ore.ls 函数时，这些对象都会出现，这些对象会被赋给在分析中要用到的本地 R 变量。

3.1.3　使用 ore.attach 将对象加入搜索空间

　　ore.attach 函数使你可以把自己模式中的对象以及其他模式中的对象加入 R 的搜索空间路径中。在上一节中，我们使用 ore.sync 函数为数据库中的表和视图建立了代理对象。同时也有一个使用 ore.get 函数将 ORE 代理对象分配给本地 R 变量的例子。

　　当使用 ore.attach 函数时，我们便使得这些 ORE 代理对象对用户而言是可见并且可用的。如果在使用 ore.attach 函数时不用任何参数，就会向 R 搜索路径中添加所有同步过的对象。下面的示例表明了这一点，并且说明了如何直接查询 PRODUCT 表。这个示例同时展示了对象的维度细节和前五条记录。

```
> dim(PRODUCTS)
[1] 72 22
> head(PRODUCTS, 5)
  PROD_ID                PROD_NAME                         PROD_DESC
1   13      5MP Telephoto Digital Camera      5MP Telephoto Digital Camera
2   14       17" LCD w/built-in HDTV Tuner     17" LCD w/built-in HDTV Tuner
3   15          Envoy 256MB - 40GB               Envoy 256MB - 40Gb
4   16              Y Box                             Y Box
5   17 Mini DV Camcorder with 3.5" Swivel LCD Mini DV Camcorder with 3.5" Swivel LCD
...
```

　　我们也可通过将另一个模式的名称作为参数添加到 ore.attach 函数，将该模式中的对象分配给 R 搜索路径，例如：

```
> ore.attach("SH")
```

　　使用 ore.attach 函数的唯一条件是，已经提前使用了一个相应的 ore.sync 函数。

提示

ore.connect 命令会为你正连接的模式中所有的表和视图自动调用 ore.sync 函数和 ore.attach 函数。

　　工作结束后，你可能想将这些数据库对象从 R 搜索路径中移除。可使用 ore.detach 函数来实现这一任务。当一个不传递模式的名称被当作参数传递时，就移除当前模式/连接中的

对象。如果想要移除一个指定模式中的对象，则可包括该模式的名称，例如：

```
> ore.detach("SH")
> ore.detach()
```

3.2　执行 SQL 命令

ore.exec 函数可以使你在自己的模式中执行 SQL 语句。这些语句通常是不带返回值的 DDL 和 DML 语句。也可以使用这条命令来实现任何优化设置和会话层的设置，使用数据库自带的选项，等等。

下面的示例展示了如何使用 ore.exec 函数来删除视图、新建视图、新建表以及将该表放入内存中：

```
> ore.exec("DROP VIEW customers_v")
> ore.exec("DROP VIEW products_v")
> ore.exec("DROP VIEW countries_v")
> ore.exec("DROP VIEW sales_v")
> ore.exec("CREATE VIEW customers_v AS SELECT * FROM sh.customers")
> ore.exec("CREATE VIEW products_v AS SELECT * FROM sh.products")
> ore.exec("CREATE VIEW countries_v AS SELECT * FROM sh.countries")
> ore.exec("CREATE VIEW sales_v AS SELECT * FROM sh.sales")
> # create a view for Customers who live in USA
> ore.exec("CREATE TABLE customers_usa
            AS SELECT * FROM customers_v WHERE COUNTRY_ID = 52790")
> # put the new Customers table in memory
> ore.exec("ALTER TABLE customers_usa inmemory")
```

ore.exec 函数只适用于不需要返回值的 SQL 语句中。

前面示例中所创建的视图和表并没有包含在 R 环境中，因为没有为它们创建 ORE 代理对象——多说一点儿，它们没有被加入到 R 搜索空间中。可以使用 ore.ls 函数来证明这一点。这些代理对象并不存在。你需要运行 ore.sync 函数使得这些对象在 R 环境中可以被访问，如下所示：

```
> ore.ls()
 [1] "CUSTOMERS_USA"
> ore.sync()
> ore.ls()
 [1] "COUNTRIES_V" "CUSTOMERS_USA" "CUSTOMERS_V" "PRODUCTS_V" "SALES_V"
```

3.3　在 Oracle Database 中处理数据

在前面的示例中，我们已经看到了如何连接一个 ORACLE 模式，列出并查看了一些可能存在于该模式中的表和视图,对这些对象执行了一些简单的函数,还执行了一些 SQL 命令来在该 ORACLE 模式中创建大量的表和视图。在本节中，我们将使用 Oracle R

Enteriprise 来执行一些附加的函数以便与数据库进行交互。

在处理 Oracle 表或视图中的数据时，可使用 ORE 代理对象来进行分析等，或者你可能更愿意使用一个本地 R 变量来引用数据库中的对象。下面的示例显示了这种分配，并显示了有关这一数据的一些基本信息和统计数据。

```
> # create a local variable ds that points to SALES_V in the database
> ds <- ore.get("SALES_V")
> # We can verify we are pointing at the object in the database
> class(ds)

[1] "ore.frame"
attr(,"package")
 [1] "OREbase"
> # How many rows and columns are in the table
> dim(ds)
 [1] 918843        7
> # Display the first 6 records from the table
> head(ds)
    PROD_ID CUST_ID    TIME_ID CHANNEL_ID PROMO_ID QUANTITY_SOLD AMOUNT_SOLD
1        13     987 1998-01-10          3      999             1     1232.16
2        13    1660 1998-01-10          3      999             1     1232.16
3        13    1762 1998-01-10          3      999             1     1232.16
4        13    1843 1998-01-10          3      999             1     1232.16
5        13    1948 1998-01-10          3      999             1     1232.16
6        13    2273 1998-01-10          3      999             1     1232.16
Warning messages:
1:  ORE object has no unique key - using random order
2:  ORE object has no unique key - using random order

> # Get the Summary statistics for each attribute in SALES_V
> summary(ds)
     PROD_ID       CUST_ID    TIME_ID     CHANNEL_ID  PROMO_ID
Min.   : 13.00 Min.   :     2 Min.   :1998-01-01 Min.   :2.000 Min.   : 33.0
1st Qu.: 31.00 1st Qu.:  2383 1st Qu.:1999-03-13 1st Qu.:2.000 1st Qu.:999.0
Median : 48.00 Median :  4927 Median :2000-02-17 Median :3.000 Median :999.0
Mean   : 78.18 Mean   :  7290 3rd Qu.:2001-02-15 Mean   :2.862 Mean   :976.4
3rd Qu.:127.00 3rd Qu.:  9163 Max.   :2001-12-31 3rd Qu.:3.000 3rd Qu.:999.0
Max.   :148.00 Max.   :101000                    Max.   :9.000 Max.   :999.0
QUANTITY_SOLD AMOUNT_SOLD
Min.   :1 Min.   :   6.40
1st Qu.:1 1st Qu.:  17.38
Median :1 Median :  34.24
Mean   :1 Mean   : 106.88
3rd Qu.:1 3rd Qu.:  53.89
Max.   :1 Max.   :1782.72
```

提示

在前面的示例中，你将注意到 head(ds)函数的结果后面显示了一些警告消息。这些信息仅为了提醒。如果不希望显示这些消息，可使用命令选项(ore.warn.order= FALSE)进行设置。在创建了到 Oracle Database 的连接后，我通常会运行这个命令。

如果你想要在本地机器(PC 机或笔记本电脑)上处理数据，可以使用 ore.pull 函数来为数据帧(data frame)中的数据创建一个本地副本。但是使用该函数时需要小心，因为，根据数据量的不同，从 ORACLE 数据库中将数据移动到本地 R 会话中时，可能会耗费大量时间。如果数据量非常大，会影响本地机器的可用 RAM，甚至在某些情况下，RAM 有可能装不下这些数据。再多说点儿，你将不能使用数据库中默认可用的任何性能特性。该函数只能在极少情况下使用。下面是一个使用 ore.pull 函数为 SALE_V 数据库对象创建一个本地副本的例子。可以看到我们使用的是本地数据帧来存储数据而不是使用指向数据库中的数据的 ORE 帧。

```
> # Create a local copy of the SALES_V data
> sales_ds <- ore.pull(SALES_V)
 Warning message:
 ORE object has no unique key - using random order
> # Check to see that this is a local data frame and not an ORE object
> class(sales_ds)
 [1] "data.frame"
> # Get details of the local data
> dim(sales_ds)
 [1] 918843 7
```

提示

只能在你的机器上需要数据的本地副本时使用 ore.pull 函数。如果可能的话，数据应该留在数据库中并使用其他 ORE 函数来处理数据。这样一来，你将能利用数据库的所有好处和可伸缩性。

警示

你可能已经注意到，上面的两段示例代码中有些警告消息，告诉我们那些没有唯一键值的对象。这些是提示性消息，指出你可能想要解决的事情。

因为是一个视图，SALE_V 并没有与之相关的主键。ORE 将返回或显示从底层数据库对象检索到的数据。存储在底层表中的数据没有任何顺序，所以将以找到它的顺序返回它。

这非常类似于我们先前创建的 CUSTOMERS_USA 表。创建这个表时并没有主键。当使用一些 ORE 和 R 函数时，可能要求数据是有序的。如果一个表具有主键，则在检索数据时，将使用主键属性对数据进行排序。在使用 ore.sync 函数时，这会自动进行。这个函数的参数之一是 use.keys，其默认值是 TRUE。在数据量大时，使用这种方法的代价是非常大的，因为需要对数据进行排序。在这样的场景下，你可能希望返回的数据是无序的。

一个解决方法是使用 ore.exec 函数来为我们要排序的数据创建一个主键，如下例所示。在创建主键后，我们需要运行 ore.sync 函数来重新创建 ORE 代理对象以便把用于排序的主键包含进来。

```
> ore.exec("ALTER TABLE customers_usa ADD CONSTRAINT cust_usa_pk PRIMARY KEY
          (cust_id)")
> usa_ds2<-ore.get("CUSTOMERS_USA")
```

运行这段代码后，就不会有这样的警告消息了："ORE object has no unique key - using random order."

另一种方法是将唯一键添加到 R 会话中，作为其一部分。下面的示例说明了如何做到这一点。下面的示例还假设在表上创建主键的代码还未执行，因为这个示例演示的是另一种方法。

```
> usa_ds <-ore.get("CUSTOMERS_USA")
> # Check what the unique identifier is for the object.
> # We should get no unique key for our data
> row.names(head(usa_ds))
 Error: ORE object has no unique key
 In addition: Warning message:
 ORE object has no unique key - using random order
> # Define and assign the unique key for the data set. In our data this is CUST_ID
> row.names(usa_ds)<-usa_ds$CUST_ID
> # Display the first 6 records. You will not get the unique key message.
> head(usa_ds)
```

当你使用与 R 环境同处一地的数据集时，有时将它们临时移到数据库中会是很有用的。这样做可以让你利用数据库自带的性能和可伸缩特性，从而使你能在较短时间内执行更复杂的分析。

可使用 ore.push 函数来获取一个本地数据帧并将其移动到数据库中你的模式中。这将在你的模式中创建一个临时表，其名称以 ORE$开头，后面跟有一些数字集合。下面的示例获取由 R 自带的 MTCARS 数据集并把它放入数据库中的一个临时表里：

```
> cars_ore_ds<-ore.push(mtcars)
```

cars_ore_ds 变量现在会是一个指向数据库中一个表的 ORE 对象。如果你登录到数据库中你的模式上，就可以看到此表。

现在，可以对这个数据执行所有典型的数据操作和分析操作了，并且所有这些操作都将在 Oracle Database 中执行。

当使用 ore.disconnect 函数断开 ORE 连接时，所有的临时表和对象(包括我们刚才创建的那个)都将从数据库中删除。如果你仍想在以后使用这些表和数据或与团队中的其他人共享它们，就需要使用 ore.creat 函数。下一节将说明此函数。

3.4　在数据库中存储数据

当处理各种数据集时，我们希望能够管理这些数据集在数据库中的留存时间。为此，Oracle R Enterprise 给出了 ore.create 函数和 ore.drop 函数，用于在数据库模式中分别创建和删除表。

使用这些函数使我们能在整个数据科学项目存在期间保留并管理数据集，利用数据库的性能和可扩展性，并与其他数据分析人员和用户共享数据。

3.4.1　使用 ore.creat 函数建表

你已经看到了如何在模式中创建表的示例。我们已用 ore.exec 函数在数据库中执行 SQL 语句创建了一个表，它带有来自另一个对象的数据的子集。我们还用 ore.push 函数把一个数据集合暂时移到数据库中，以便进行进一步的附加分析。

ore.create 函数允许我们把数据永久驻留到数据库中。此函数在你的模式中创建一个表，该表包含 R 数据帧中的数据。该表对该模式的所有用户都可见，而且也可以被数据库中的其他模式共享。

前一个示例展示了如何获取一个本地 R 数据帧并将其作为临时表放入数据库中。在下例中，这个相同的数据帧将被创建为模式中的一个表：

```
> ore.create(mtcars, "CARS_DATA")
> ore.ls()
```

在这个例子中，ore.create 函数有两个参数。它们是我们想要保存到模式中的那个数据帧的名称和该数据库模式中表的名称。

使用 ore.ls 函数后，我们会看到新的表已经列出来了。ore.create 函数还对这个新对象使用 ore.sync 和 ore.attach 函数。这使得我们不需要运行任何附加函数即可使用该对象。

3.4.2　使用 ore.drop 函数删除表

我们有 ore.drop 函数用来从模式中删除和移除一个数据库表或一个数据库视图。下面的示例展示了如何删除上一节中使用 ore.create 函数创建的 CARS_DATA 表：

```
> ore.drop("CARS_DATA")
> ore.ls()
```

当查看 ore.ls 函数列出的对象列表时，我们会看到，CARS_DATA 表已不再被列出。

同样，可以用 ore.drop 函数从模式中删除一个数据库视图。当从数据库中删除或移除一个视图时，需要显式地给出视图的参数，如下所示。这是在模式中删除视图所必需的。

```
> ore.drop(view="SALES_V")
```

使用 ore.drop 函数的另一种方法是明确地声明我们要从模式中删除一个表或一个视图。下面演示如何用一条命令来执行前面的示例：

```
> ore.drop(table="CARS_DATA", view="SALES_V")
```

3.4.3 ore.create 函数和 ore.drop 函数组合使用的示例

下面的 ORE 代码示例演示了如何组合本章所示的一些 ORE 函数，基于本地 R 数据帧的数据，来管理数据库中表的更新和创建(即表中的数据来自本地 R 数据帧)：

```
> if (ore.exists("CARS_DATA")) {
    message("Updating table in schema. Dropping and Recreating with new data")
    ore.drop("CARS_DATA")
    ore.create(mtcars, "CARS_DATA")
} else {
    message("Creating table in your schema. It did not exist")
    ore.create(mtcars, "CARS_DATA")
}
```

3.5 在数据库自带的 R Datastore 中存储 ORE 对象

在使用 R 时，你会创建许多对象。这些对象作为 R 全局环境的一部分驻留在内存中。当你退出 R 会话时，你可能会对这些对象进行一些清理，例如使用 rm 函数将它们从内存和 R 工作区中移除。但是，其他一些对象你会希望保留下来，以便下次打开 R 时仍能使用。通过将这些对象保存到会话工作区中，便可以在退出 R 会话时保存它们。当退出 R 时，会有提示信息提示你这样做。

你会把使用 ORE 创建的许多对象推入数据库中，以便能够利用数据库自带的性能和可扩展特性。如前所述，当断开 ORE 会话时，数据库中所创建的所有临时对象也都将从数据库中删除和移除。

如果可以保存这些临时对象供以后使用且不必再执行一遍创建表存储数据的额外步骤，那将是非常有用的。此外，当使用 ORE 时，你还可以创建其他类型的以后将会使用的对象，如数据挖掘模型。你不想做的是把创建这些对象的所有步骤再重新执行一遍。

Oracle R Enterprise 有一个奇妙的特性是，可以在数据库中创建一个 ORE datastore。可以把我们创建的所有临时对象和工作对象存储在这个 ORE datastore 中。我们还可以和其他数据分析师和数据科学家共享这个 ORE datastore，但或许 ORE datastore 最重要的特性是，当在 SQL 中执行嵌入式 ORE 执行时会用到它。本节中给出的例子覆盖了：创建一个 ORE datastore、把对象存储到该 ORE datastore 中、检索那些对象、获取该 ORE datastore 的细节、与其他用户分享该 ORE datastore、删除对象，并最终删除该 ORE datastore。其他例子将在后续章节中给出。

表 3-3 给出了 Oracle R Enterprise 中可用于创建和管理 ORE datastore 的函数集合。

表 3-3　使用数据库自带的 ORE datastore 的函数

函数	描述
ore.datastore	列出你的模式中 ORE datastore 的信息。默认为当前的模式。当提供了模式的名称时，此函数会返回该模式的详细信息。 这些显示出来的详细信息包括该 ORE datastore 的名称、对象数量、该 ORE datastore 的大小、创建时间以及指派给该 ORE datastore 的任何描述
ore.datastoreSummary	展示指定 ORE datastore 中的对象的详细信息
ore.delete	从数据库中删除 ORE datastore。这同时将删除该 ORE datastore 中的 ORE 对象中包含的所有东西
ore.grant	如果把一个 ORE datastore 创建为可授权的，则授予数据库的其他用户访问该 ORE datastore 的权限
ore.load	把对象从 ORE datastore 中送回 R 环境中。这些对象是即时可用的。要么是所有的对象都可被检索，要么只是被列出的对象可被检索
ore.lazyLoad	在 R 代码首次用到某些对象时，把它们从 ORE datastore 中再装载回来。这些对象一次只能装载一个
ore.revoke	取消某个模式对某个 ORE datastore 的访问
ore.save	创建一个 ORE datastore 并将列出的对象存入其中以备后面使用

提示

在 Oracle Database 中，你想创建多少个 ORE datastore 都可以。提前规划好你想要多少个 ORE datastore。可按一个项目创建一个 ORE datastore 来考虑，也可以根据业务的主题领域来考虑。最好不要超过 100 个 ORE datastore。

在这些函数中，你首先会用到的是 ore.save 函数。这个函数可将 ORE 对象存入 datastore 中以备后续使用。

除了要列出哪些对象需要存储在 ORE datastore 中之外，还要为该 ORE datastore 设定一个名字，要考虑是否要往一个已存在的 ORE datastore 中添加对象或是否要重写一个已存在的 ORE datastore。可以保存单个对象、一组对象，或者所有可用的在 ORE datastore 中可得到的对象。这种情况下，一个对象可以是 ORE 对象，也可以是 R 环境中的对象。

下面的例子将一个单独对象 CARS_DATA 存入名为 ORE_DS 的 datastore 中：

```
> ore.save(CARS_DATA, name="ORE_DS", description="Example of ORE Datastore")
```

当创建一个新的 ORE datastore 时，应该给它提供一个有意义的描述。该描述最多可以为 2000 个字符，使你能够清楚地说明该 datastore 中的对象是用来做什么的。

为向 ORE datastore 中加入更多对象，需要在 ore.sava 命令的尾部添加 append=TRUE，例如：

```
> ore.save(cars_ds, name="ORE_DS", append=TRUE)
```

这个 "append" 可以实现向一个已存在的 ORE datastore 中添加对象。在运行 ore.sava
函数之前，应该检查一下在该 ORE datastore 中是否已经存在某个对象。如果该对象已经
存在，可以用 overwrite=TRUE 进行设置，例如：

```
> ore.save(cars_ds, name="ORE_DS", overwrite=TRUE)
```

如果你希望与数据库的其他用户共享你正在往 ORE datastore 中存储的 ORE 对象，
则需要在创建该 ORE datastore 时设置 grantable=TRUE 选项。稍后将详细介绍共享 ORE
datastore 的细节。

```
> ore.save(list=c("cars_ds", "iris_ds", "random_values"), name="ORE_DS3",
           grantable=TRUE)
```

下面的例子展示了如何删除 ORE datastore 中的一个对象。如果你想要删除多个对象，
则需要创建一个对象列表，如下所示：

```
> # Delete one object from the ORE Data Store
> ore.delete("ORE_DS", list="cars_ds")
> # Delete multiple objects from the ORE Data Store
> ore.delete("ORE_DS", list=c("cars_ds", "CARS_DATA"))
```

如果你想要将当前 R 环境中的所有对象都保存到 ORE datastore 中，可以使用 list 参
数来传送这些对象的名称。这样就可以把这些对象保存到数据库中了，同时还给它们加
上由数据库提供的数据安全性，并把它们加入备份中。下面的例子展示了将本地 R 环境
中的对象加入到名为 ORE_DS2 的 ORE datastore 中：

```
> ore.save(list=ls(), name="ORE_DS2", description="DS for all R Env Data")
```

Oracle R Enterprise 有两个能给出 ORE datastore 细节的函数。这两个函数分别是
ore.datastore 和 ore.datastoreSummary。ore.datastore 函数会列出所有用户可用的 ORE datastore。

```
> ore.datastore()
  datastore.name object.count     size      creation.date               description
1        ORE_DS            2     5104 2016-04-04 10:33:25 Example of ORE Datastore
2       ORE_DS2            5 51466509 2016-04-04 10:30:19   DS for all R Env Data
```

ore.datastoreSummary 函数能显示一个特定 datastore 所包含的对象的详细信息：

```
> ore.datastoreSummary("ORE_DS2")
    object.name      class     size length row.count col.count
1       cars_ds data.frame     3798     11        32        11
2   cars_ore_ds  ore.frame     1675     11        32        11
3      sales_ds data.frame 51455575      7    918843         7
4       usa_ds   ore.frame     2749     23     18520        23
5      usa_ds2   ore.frame     2712     23     18520        23
```

能将各种 R 和 ORE 对象存储到一个数据库自带的 datastore 中，这一点有助于保护
数据的安全，并且当你想重用这些对象时，还能够使用数据库的性能和可扩展特性。
当建立分析环境时，你会希望把数据存储在多个 ORE datastore 并能恢复这些对象从

而在后面的时间里继续你的分析工作。Oracle R Enterprise 提供了 ore.load 和 ore.lazyLoad 函数，来将对象从 ORE datastore 中装载或恢复到 R 环境中。

ore.load 函数可将对象恢复到 R 环境中。该函数需要 ORE datastore 的名称。这种情况下，ORE datastore 中的所有对象都会被恢复回去，如下例所示：

```
> ore.load("ORE_DS")
```

随着存入 ORE datastore 中的对象越来越多，执行 ore.load 函数把所有对象恢复回来可能要花费一些时间。在这样的情景下，最好只恢复你需要的那些对象。这种情况下，需要提供一个你想要恢复的对象列表：

```
> ore.load("ORE_DS2", c("cars_ds", "sales_ds", "usa_ds"))
```

另一种解决方法是仅在需要某些对象时才加载它们。这需要在首次使用 ORE datastore 中的某个对象之前使用 ore.load 函数。另外，还可以使用 ore.lazyLoad 函数。ore.lazyLoad 函数不会立即从 ORE datastore 中检索指定的对象。相反，它是在那些对象首次被引用时才去检索它们。ore.lazyload 函数以 ORE datastore 的名字为一个参数。可以传送 ORE datastore 的名称，或者传送 ORE datastore 的名称和对象列表。下面的示例用 ore.lazyload 函数替换了前面使用 ore.load 函数的例子：

```
> ore.lazyLoad("ORE_DS2")
> ore.lazyLoad("ORE_DS2", c("cars_ds", "sales_ds", "usa_ds"))
```

随着你在 ORE datastore 中建立了大量的 ORE 对象，在某些时候，你可能想要授权给 Oracle Database 和 ORE 的其他用户来访问它们。为授权和取消对 ORE datastore 访问的授权，可分别使用 ore.grant 和 ore.revoke 函数来管理这些权限。在授给其他用户访问 ORE datastore 的权限之前，需要确认该 ORE datastore 在创建时已经设置了 grantable=TRUE。当你使用 ore.save 函数创建或更新 ORE datastore 时，该 datastore 的状态会被设置为 private。之所以会这样，是因为 ore.save 函数的 grantable 参数的默认设置是 FALSE。这意味着只有你能使用该 ORE datastore。当你要与数据库的其他用户共享一个 ORE datastore 时，需要通过把 grantable 参数设置为 TRUE 来实现，如下面的示例所示：

```
> # set up some data to use to demo Grant and Revoke
> cars_ds <- mtcars
> iris_ds <- iris
> random_values <- sample(seq(100),10)
> # Delete the ORE data store if it already exists. Otherwise skip this step
> ore.delete("ORE_DS3")
> # Create a ORE data store that can be shared with other users.
> ore.save(list=c("cars_ds", "iris_ds", "random_values"), name="ORE_DS3", grantable=TRUE)
```

前面你已经知道了如何使用 ore.datastore 函数来列出所有你能访问的 datastore。你同样可以使用该函数来查看这些 datastore 中有哪些可以与数据库的其他用户共享。为此，可以指定 type 参数为 type=grantable(默认为 all)。这会列出所有可以和其他用户共享的 ORE datastore。

```
> # List all the ORE data stores
> ore.datastore(type="all")
```

```
> # List all the ORE data stores that can be shared
> ore.datastore(type="grantable")

  datastore.name object.count size      creation.date description
1       ORE_DS3            3 9649 2015-11-26 15:52:14        <NA>
```

现在，这个名为 ORE_DS3 的 ORE datastore 便可与 Oracle Database 的其他用户共享了。为实现共享，可使用 ore.grant 函数来授权特定的用户，使其可以访问该 datastore 及存储在该 datastore 中的对象。在使用 ore.grant 函数时，通过将 user 参数设置为 NULL，可以授权所有数据库用户都能访问该 datastore。否则，可以列出想要授权可以访问该 datastore 的个别用户。我们推荐使用第二种方法，因为它在谁可以访问数据这个问题上保证了可控性和安全性。下面的示例使用 ore.grant 函数实现了授权用户 ORE_USER2 访问 ORE_DS3 datastore。这是推荐使用的方式。第二个命令展示了使用 ore.grant 函数授权给所有用户，使他们能访问 ORE_DS3 datastore。

```
> # Grant the ORE_USER2 database user access to the ORE_DS data store
> ore.grant("ORE_DS3", type="datastore", user="ORE_USER2")
> # Grant all database users access to the ORE_DS data store
> ore.grant("ORE_DS3", type="datastore", user=NULL)
```

在这些示例中，你已经看到了如何创建一个 ORE datastore、向其中存储对象，以及与其他数据库中的用户共享此 datastore 等。如果你是那些数据库其他用户中的一个，你可能想要访问该数据并把它用于自己的分析中。你已经看到了一个使用 ore.load 函数恢复一个 ORE datastore 中的对象的例子。对于一个共享的 ORE datastore，仍可以使用该函数并通过添加一个额外参数来指定这个被共享的 datastore 的拥有者。下面这段示例代码展示了如何检查自己能访问的可共享的 ORE datastore。在这个示例中，我已经连接了 ORE_USER2 模式并且可以使用 ore.datastore 函数和 ore.datastoreSummary 函数检查共享的 datastore 和它们包含的对象。然后我可以利用该连接，使用 ore.load 函数将 ORE_DS3 datastore 中的对象加载到一个工作中的 R 环境中。

```
> # list all the ORE data stores I have access to
> ore.datastore(type="all")
> # list the contents of the ORE_DS3 data stores owned by the ORE_USER
> ore.datastoreSummary("ORE_DS3", owner="ORE_USER")
> # Load the objects from the ORE_DS3 data store owned by ORE_USER
> ore.load("ORE_DS3", owner="ORE_USER")
```

ore.revoke 函数可撤消其他用户访问你的一个 ORE datastore 的权利，该 ORE datastore 已经被与数据库的全部用户或一些其他用户共享。此函数要用到该 ORE datastore 的名字，类型需要为 datastore，最后一个参数是被取消访问该 datastore 的权限的用户。可以列出想要撤消的个别用户，或者如果你想取消所有用户的访问权，可以给 user 参数指定 NULL 值。下面的例子展示了这两种场景：

```
> # Revoke all access to the ORE_DS3 from all database users
> ore.revoke("ORE_DS3", type="datastore", user=NULL)
> # Revoke access to the ORE_DS3 datastore from the ORE_USER database user
> ore.revoke("ORE_DS3", type="datastore", user="ORE_USER2")
```

　　为了删除一个 ORE datastore 以及它包含的所有对象，可以使用 ore.delete 函数。此前给出了一个使用此函数的例子，但在前面的示例中，此函数被用来删除一个 ORE datastore 中的一个对象。要删除一个 ORE datastore，需要给出该 ORE datastore 的名字，如下例所示：

```
> ore.delete("ORE_DS")
```

3.6　断开与数据库的连接

　　用完 ORE 连接后，需要使用 ore.disconnect 命令来完全退出该 ORE 连接并断开与 Oracle Database 的连接。任何在你的模式中创建的临时对象，如果没有明确保存，在这个到数据库的连接被关闭时，都将被移除。所有临时 ORE 对象的名字都以 ORE$开头。

```
> ore.disconnect()
```

　　当你退出 R 会话或者使用 ore.connect 函数开启一个新的 ORE 连接时，ORE 都会隐式地调用 ore.disconnect 函数。

　　然而，如果一个会话是以非正常方式断开的——例如，会话死掉了或被用户杀死了，主机休眠了，等等——这时所有在 ORE 会话存活期间创建的临时对象都会被作为数据库中的对象保存下来。这些对象的名字会以"ORE$"开头。可以使用下面的 SQL 代码来找到你的 Oracle Schema 中的这些对象：

```
SELECT  object_name, object_type, last_ddl_time
FROM    user_objects
WHERE   object_name like 'ORE$%';
```

3.7　小结

　　Oracle R Enterprise 是一个数据分析员和数据科学家们能用到的功能非常强大的工具，它使得他们能够充分利用 Oracle Database 的性能和可扩展性。在本章中，我们看到了 Oracle R Enterprise 中一些较常用的功能，它们使你能够管理与数据库的连接，我们也展示了如何与数据库中的对象进行交互。本章中给出的功能和示例展示了如何快速启动和运行数据分析和数据科学项目。

　　在后续每一章中，我们都将以本章中所介绍的功能为基础，构建 Oracle R Enterprise 的更高级能力。

第 4 章

透明层

透明层是 Oracle R Enterprise 的核心特性，它允许数据科学家无缝地处理 Oracle Database 中的数据。当使用 Oracle R Enterprise 连接服务器之后，数据科学家编写的 R 代码便可以使用对等的数据库自带的函数，从而利用 Oracle Database 和数据库服务器的计算能力。本章将探讨透明层的一些特性、如何发现透明层中发生的一些事件，以及把对象和数据从数据库移动到 R 环境时这些对象和数据类型的一些特征。

4.1 透明层概述

在前两章中，你看到了使用透明层的示例，例如连接到数据库以访问和处理各种表和视图中的数据。透明层的一部分允许你处理 Oracle Database 中的对象，诸如表和视图，就像它们是本地 R 环境中的对象或数据帧一样。在前两章里你应该看到了使用 ORE 无缝地访问和使用 Oracle Database 中存储的数据是多么容易。只需要对自己所编写的 R 程序做最小的改变，数据科学家们便可以使用存储在 Oracle Database 中的数据并将数据库服务器用作高性能的计算引擎。

贯穿接下来的两章，甚至是本书通篇，我们将对 Oracle R Enterprise 的核心特性和透明层进行更多的探讨。例如，将涉及处理数据库驻留数据的各种方法：准备、加入和过滤数据；进行各种转换；处理图形；数据抽样。ORE 的透明层允许 R 开发人员就像它们是在本地的 R 环境中那样处理数据库驻留的数据。

透明层的另一部分允许你透明地运行 R 函数来处理和分析 Oracle Database 中的数据，将数据库用作高性能和可扩展的计算引擎。数据库服务器通常具有比数据科学家们的客户机多得多的可用计算资源。这使得数据科学家能够处理比通常大很多的数据量。例如，在一家公司，我看到数据科学家们在使用 Oracle R Enterprise 时，能够处理包含近十亿条记录的数据集。以前，他们不得不花费很多天的时间来处理数据、采样数据并在数据子集上构建分析和预测模型。现在，可以通过 Oracle R Enterprise 来处理整个数据集。

透明层的主要优点是它有大量的核心 R 程序包，它们已被 Oracle R Enterprise 程序包给扩充了，能将 R 函数转换为等价的底层数据库自带的 SQL 函数。

这些 SQL 函数在数据库中的数据上运行，并将生成的结果返回给 R 用户并以 R 格式显示。你将在后续章节中看到我们使用不是 Oracle R Enterprise 的一部分的算法的示例，但我们却可以安装这些 R 软件包并使 Oracle R Enterprise 能够运行它们。

透明层并不立即执行每个 R 函数或其等效的 SQL 函数。等效的 SQL 函数会不断累积。只有当调用这些函数的 R 脚本需要显示结果或需要立即计算结果时，才会执行这些累积的 SQL 代码。这允许 Oracle Database 将其广泛的查询优化应用于 SQL，以确保最佳执行。

图 4-1 说明了有了透明层后的处理类型。R 聚合函数用于汇总 Oracle Database 中的表中的数据(1)。透明层随后将其转换成等效的 SQL 函数(2)。只有当结果需要在 R 环境中显示时，SQL 函数才会在数据库中执行(3)并生成查询结果(4)。然后将这些结果通过透明层传回(5)并以典型的 R 格式显示(6)。

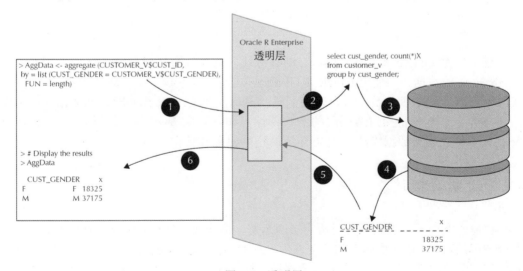

图 4-1　透明层

Oracle R Enterprise 的透明层包含一些程序包，它们是开源 R 中的基本库(R base)、图形以及 stats 程序包中函数的增强版。Oracle Database 中的表和视图由 ore.frame 对象来表示，这是 R 的 data.frame 对象的子类。类似地，对于其他 R 对象，存在一个从 R 对象类型继承的等效 Oracle R Enterprise 对象。

透明层具有大量能将 R 数据类型映射为 Oracle Database 中的数据类型的类和数据类型。透明层将根据数据移动方向，在这两种数据类型之间进行必要的映射。例如，如果你有一个 R 对象要移动到 Oracle Database 中，那么所有必要的数据类型转换都将执行。这在把数据从数据库移动到本地 R 环境时也是类似的。你可能时不时地需要显式地使用一个函数来映射一个特定的变量。Oracle R Enterprise 有许多函数可以让你执行转换。表 4-1 列出了 R、ORE 和 SQL 的数据类型映射。

除了表 4-1 中列出的数据类型外，透明层还支持在本地 R 环境中使用 Oracle 的 CLOB 和 BLOB 数据类型。

表 4-1　R、ORE 和 SQL 的数据类型映射

R 数据类型	ORE 数据类型	SQL 数据类型
Character mode vector	ore.character	VARCHAR2
		INTERVAL YEAR TO MONTH
Integer mode vector	ore.integer	NUMBER
Logical mode vector	ore.logical	0 代表 FALSE，1 代表 TRUE
Numeric mode vector	ore.number	BINARY_DOUBLE
		BINARY_FLOAT
		FLOAT
		NUMBER
Date	ore.date	DATE
POSIXct	ore.datetime	TIMESTAMP
POSIXlt		TIMESTAMP WITH TIME ZONE
		TIMESTAMP WITH LOCAL TIME ZONE
Difftime	ore.difftime	INTERVAL DAY TO SECOND
无	不支持	LONG
		LONG RAW
		RAW
		用户定义的数据类型
		引用数据类型

ore.push 函数和 ore.create 函数隐含地把 R 类的类型强制转为 ORE 类的类型，而 ore.pull 函数则强制地把 ORE 类的类型转为 R 类的类型。

当使用 R 时，data.frame 具有利用其元素依据整数索引定义的显式顺序。当使用 Oracle Database 中的表或视图中的数据时，这些数据或记录是没有定义顺序的——这是关系代数的产物。在使用 Oracle R Enterprise 时，可以拥有有序和无序的 ORE 数据帧对象。如果一个表具有主键，则可以使用此主键定义 ORE 数据帧的顺序。这是在 ore.sync 函数中使用的默认排序方式。或者，可以在定义了 ORE 数据帧之后，指定定义顺序的一个或多个属性。有时候——这真的取决于你是否在处理一个大的表——进行排序可能是一项昂贵的操作，由于需要对数据进行排序。你需要考虑将在数据集上执行的函数的类型。一些 R 函数需要有序的数据集，有些则不需要。因此，如果你在处理一个大的数据集，而 R 函数又不需要有序的数据集，则将该数据集按无序的 ORE 数据帧来处理将会更快。

4.2　探寻 ORE 透明层背后的真相

如果你具有 DBA、数据架构师、数据库性能专家或任何其他涉及使用 Oracle R Enterprise 的角色的话，你会感到好奇的事情之一就是透明层中发生了什么。你可能会问的问题之一是："我可以看到透明层中正在发生什么吗？"对这个问题的答案是 IT 对所有事情的典型回答："视情况而定！"想要检查透明度层并看看在你运行 R 代码时发生了什么，需要考察两个领域。第一个领域涉及通过检查 Oracle R Enterprise 创建的对象来查看有什么可用的信息。第二个领域涉及检查 Oracle Database 中发生了什么。

为了帮助我们探讨透明层并查看一些可用的信息，我们将遍历两个例子。第一个例子涉及创建一个新的对象，第二个例子检查何时对数据库中的数据进行了聚合。

在第一个例子中，我们将查看当获得 R 数据帧并将其推送到 Oracle Database 时会发生什么。这种情况下，我们将使用作为 R 的标配的 MTCARS 数据集。如果已安装了 R，就会有此数据集。

为什么要将数据帧推送到 Oracle Database 呢？当然，有很多原因，其中大部分都涉及想要使用 Oracle Database 服务器的能力来处理数据。图 4-2 显示由 ORE 透明层创建的临时表。

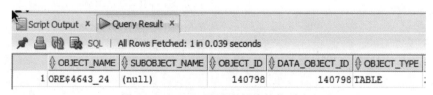

图 4-2　由 ORE 透明层创建的临时表

下面的例子使用 ore.push 函数将 MTCARS 数据帧移动到 Oracle Database 中。该函数在我们的模式中创建一个临时表对象，其名称以 ORE＄开头，并在该表中为 R 数据帧的每一行插入一条记录。仅在连接到 Oracle Database 模式的 ORE 会话连接的生命周期内，此临时表是存在的。

```
> cars_dataset <- ore.push(mtcars)
```

cars_dataset 变量是 R 会话中的一个局部变量，其中包含一个 R 对象在模式中的表中作为数据库的代理。可通过查看对象的类来检查这一点，这个类就是所谓的 ore.frame：

```
> class(cars_dataset)
[1] "ore.frame" attr(,"package")
[1] "OREbase"
```

当访问我们的模式以便查看这个对象时，我们看到它有一个以 ORE $开头的名称。(在当前的例子中，它被称为 ORE$4643_24)。可以使用以下 SQL 来列出我们今天在 Oracle 模式中创建的对象(见图 4-2)。

```
select *
from user_objects
where trunk(created) = trunk(sysdate);
```

当使用 SELECT *语句查询这个数据库对象时，我们看到 MTCARS 数据集中的所有数据也在数据库对象 ORE $ 4643_24 中。

说到 ORE 透明层，你可能有兴趣了解它在做什么以及针对我们的示例模式中的这个对象/表，ORE 会有什么信息。要在本地 R 环境中查看这个信息，我们需要使用名为 str 的 R 函数。当在名为 cars_dataset 的 ore.frame 上使用这个函数时，我们得到以下信息：

```
> str(cars_dataset)
'data.frame': 32 obs. of 11 variables:
Formal class 'ore.frame' [package "OREbase"] with 12 slots
  ..@ .Data : list()
  ..@ dataQry : Named chr "( select /*+ no_merge(t) */ VAL012 NAME001,VAL013
NAME002, VAL001 ,VAL002 ,VAL003 ,VAL004 ,VAL005 ,VAL006 ,VAL007 ,VAL008 ,VAL0"|
__truncated__
  .. ..- attr(*, "names")= chr "4643_25"
  ..@ dataObj : chr "4643_25"
  ..@ desc :'data.frame': 11 obs. of 2 variables:
  .. ..$ name : chr "mpg" "cyl" "disp" "hp" ...
  .. ..$ Sclass: chr "numeric" "numeric" "numeric" "numeric" ...
  ..@ sqlName : Named chr "VAL012" "VAL013"
  .. ..- attr(*, "names")= chr "asc" ""
  ..@ sqlValue : chr "VAL001" "VAL002" "VAL003" "VAL004" ...
  ..@ sqlTable : chr "\"ORE_USER\".\"ORE$4643_24\""
  ..@ sqlPred : chr ""
  ..@ extRef :List of 1
  .. ..$ :<environment: 0x000000001ba84ba8>
  ..@ names : chr
  ..@ row.names: int
  ..@ .S3Class : chr "data.frame"
```

此处你会注意到，所显示的某些信息被截断了。为克服这个问题，我们需要单独查询每个项目，如下所示。这些示例说明如何显示数据库中对象/表的名称，列出要在 ORE 数据帧中使用的属性/变量的名称，列出每个属性/变量的数据类型，最后说明如何查询 ORE 透明层以便从数据库的表中检索数据。

```
# What is the name of the table in the Database
```

```
> cars_dataset@sqlTable
# Get the names of the attributes/variables
> cars_dataset@desc$name
# Get the data types of the attributes/variables
> cars_dataset@desc$class
# Return the SQL Query used to retrieve the data from the table in the Database
> cars_dataset@dataQry
# Display the first 5 records from the ORE table
> head(cars_dataset, 5)
```

我们来看看最后一个 R 命令，我们要显示数据集中的五个记录。如果我们想查看在
Oracle Database 中运行的查询，可为该查询创建一个数据帧。以下 R 代码显示如何进行
设置以便检索该 SQL 查询：

```
> df <- head(cars_dataset, 5)
> df@dataQry
```

当使用 SQL 和数据库的数据字典视图深入查看 Oracle Database 时，可以看到被运行
的实际查询。以下输出是在运行此 R 命令时在 v$ sql 中显示的内容。当检查利用 R 环境
中的透明层显示的查询时，可以看到，它与 v$ sql 中所显示的 SQL 非常相似。主要区别
在于实际查询的布局或格式。

```
with OBJ4643_25 as
( select /*+ no_merge(t) */ VAL012 NAME001,VAL013 NAME002, VAL001 ,VAL002 ,VAL003
,VAL004 ,VAL005 ,VAL006 ,VAL007 ,VAL008 ,VAL009 ,VAL010 ,VAL011
from "ORE_USER"."ORE$4643_24" t ),
OBJ4643_29 as (
        select *
        from (select * from OBJ4643_25 order by NAME001 asc,NAME002)
        where rownum <= 5 )
select * from OBJ4643_29 t order by NAME001 asc,NAME002
```

这些例子显示了如何检查 Oracle R Enterprise 的透明层中发生的一些事情。

在下一个例子中，我们要观察当对一个 Oracle 模式中已经存在的表运行查询时透明
层的情况。在这种特殊场景下，我们将使用基于 SH 模式中的 CUSTOMERS 表所定义的
视图。

```
# Aggregate the data in the CUSTOMER_V (a view based on the sh.customer table)
# Aggregate based on each value of Customer Gender
> AggData <- aggregate(CUSTOMER_V$CUST_ID,
                    by = list(CUST_GENDER = CUSTOMER_V$CUST_GENDER),
                    FUN = length)
# Display the results
> AggData
  CUST_GENDER       x
F           F 18325
M           M 37175
```

再一次，可使用 str 函数来检查经过此函数调用后，ORE 透明层的每个元素：

```
> str(AggData)
> AggData@dataQry
> AggData@dataObj
> AggData@desc$name
> AggData@sqlName
> AggData@sqlValue
> AggData@sqlTable
> AggData@sqlPred
> AggData@extRef
> AggData@row.names
> AggData@.Data
```

当查看 ORE 透明层的@dataQry 插槽时，我们将看到它将在数据库中执行的查询的结构：

```
> AggData@dataQry
4643_39
"( select \"CUST_GENDER\" NAME001, \"CUST_GENDER\" VAL001,count(*) VAL002
from \"ORE_USER\".\"CUSTOMER_V\" where (\"CUST_GENDER\" is not null) group
by \"CUST_GENDER\" )"
```

当深入查看 Oracle Database 并使用 v $ sql 视图时，我们看到所运行的用来检索结果的实际查询：

```
with OBJ4643_39 as
   ( select "CUST_GENDER" NAME001, "CUST_GENDER" VAL001,count(*) VAL002
     from "ORE_USER"."CUSTOMER_V"
     where ("CUST_GENDER" is not null) group by "CUST_GENDER" ),
OBJ4643_42 as
   ( select /*+ no_merge(t) */ 1 NAME001, count(*) VAL001 from OBJ4643_39 t )
select * from OBJ4643_42 t order by NAME001
```

4.3　小结

Oracle R Enterprise 的透明层是 Oracle R Enterprise 的一个基本特性。它允许你以无缝方式处理 Oracle Database 中的对象和数据，并使此数据显得像是 R 环境中的本地对象一样。透明度层还允许你无缝地把 Oracle Database 当成计算引擎来进行工作，这样，如有可能，你想对数据运行的大多数典型 R 函数都可转换为等效的 SQL 函数。随后，这些 SQL 函数就会在数据上运行。所产生的任何结果随后会通过透明层转换为 R 格式。如果你一直跟随着前面各章中的示例走下来，那么已经在使用透明层了。在下面的章节中，你将看到使用 Oracle Database 和数据库服务器是多么容易，且会从中获得多么大的利益。

第 5 章

Oracle R Enterprise 程序包

Oracle R Enterprise 由一系列 R 语言包组成,它们支持一系列功能,其中包括使用标准 R 语法对数据库中的数据进行透明操作、预测分析、来自 R 的嵌入式 R 执行,还包括使用 SQL 访问的 R 脚本部署。透明层在第 4 章中讨论过。本章将介绍 Oracle R Enterprise 的程序包套件的主要成分,讲述如何探索这些程序包的内容以便找到所需的函数,以及在使用 Oracle R Enterprise 时如何获得帮助。

此外,Oracle R Enterprise 提供了一套演示脚本,展示如何使用 Oracle R Enterprise 中提供的各种能力。并列举一个例子说明如何使用这些演示。

5.1 Oracle R Enterprise 程序包

当安装 Oracle R Enterprise 时,会在 R 环境中安装许多 R 程序包。如表 5-1 所示。当把这些程序包安装在 Oracle Database Server 上时,它们就会支持通过第 4 章讨论过的

Oracle R 透明层在数据库中运行 R 函数，以及完成预测分析、嵌入式 R 执行和利用 SQL 进行 R 脚本部署。

这些包对在 Oracle Database 中使用 R 的支持体现在三个主要类别中。分别是 ORE 统计引擎、ORE 预测分析和 ORE 图形。支撑所有这三个类别的是在 Oracle Database 中运行 R 的能力，这个能力要么通过使用数据库透明层将 R 函数转换为 Oracle Database 中相应的 SQL 函数，要么通过调用 R 函数利用数据库的 Oracle extproc 能力来跨越外部进程。

Oracle R Enterprise 的程序包集合扩充了 R 的基本程序包中已有的统计函数。当调用其中一个函数时，如果正在使用一个其数据存于数据库中的 ORE 数据帧，就将使用 Oracle R Enterprise 版的该函数了。透明层将函数转换为底层的 SQL 函数。执行此 SQL 函数，并将所得结果的代理对象返回到调用该函数的 R 环境中。通过使用 Oracle R Enterprise，你便可以使用 Oracle Database 的可扩展和性能特性，从而不再受数据科学家所使用的计算机的处理能力的限制。在第 6 章中，我们将讨论一些可用于你的数据的典型统计函数。

Oracle R Enterprise 还提供了运行数据库自带的预测分析的能力。使用 Oracle R Enterprise 时，可选用作为 Oracle Advanced Analytics 的一部分的数据库自带的数据挖掘算法，但你也可以使用任何 R 中大量的预测分析算法。Oracle R Enterprise 提供了一组构建预测性模型并将这些模型应用于新数据的函数。除了使用数据库自带的算法之外，Oracle R Enterprise 还附带了一些经专门调整可用于 Oracle Database 的额外算法。在第 7 章和第 8 章中，我们会探索作为 Oracle R Enterprise 的一部分的各种预测分析算法。

表 5-1　Oracle R Enterprise 程序包

包的名称	包的类型	包的描述
ORE	核心	Oracle R Enterprise 的顶级程序包
OREbase	核心	对应于开源 R 基础包
OREcommon	核心	包含 Oracle R Enterprise 常见的低级功能
OREdm	核心	包含数据库内的 Oracle 数据挖掘算法
OREeda	核心	包含用于探索性数据分析的函数
OREembed	核心	支持数据库中 R 的嵌入式执行
OREgraphics	核心	对应于开源 R 图形包
OREmodels	核心	包含高级分析建模功能
OREpredict	核心	在 Oracle Database 中使用 R 模型数据评分
OREserver	核心	包含 Oracle 企业服务器的功能
OREstats	核心	对应于开源 R 统计程序包
ORExml	核心	支持 R 和 Oracle Database 之间的 XML 转换
arules	支持	允许频繁的项集和关联规则。允许表示、操纵、分析事务数据和结果模式

（续表）

包的名称	包的类型	包的描述
Cairo	支持	支持 Oracle 企业服务器上的图形渲染
DBI	支持	用于在 R 和 Oracle Database 之间进行通信的数据库接口定义
png	支持	支持读取和写入 Oracle R Enterprise 对象的 PNG 图像
randomForest	支持	支持 randomForest 的 ORE 实现
ROracle	支持	用于基于 R 的 OCI 的 Oracle Database 接口
statmod	支持	提供各种统计建模功能

Oracle R Enterprise 的另一个好处是能够使用 R 的图表和图形能力。Oracle R Enterprise 图形包允许将这些图形中的许多东西纳入前端分析工具中，如 Oracle Business Intelligence 和 BI Publisher。在第 13 章探讨如何将通过使用 Oracle R Enterprise 得到的各种图形整合到分析仪表盘中。

5.2　探索 ORE 包函数和程序包版本

上一节探讨了 Oracle R Enterprise 程序包的各种元素。至于在 R 环境中使用 Oracle R Enterprise，你可能需要快速了解哪个特定的 Oracle R Enterprise 函数适用于你要完成的任务。为帮助你快速搜索可用的功能，可使用 R 函数调用 apropos。

apropos 函数允许你使用字符串的子集来搜索可用的函数和对象。在本例中，我们希望查找 Oracle R Enterprise 程序包中已有的所有函数。因此，我们搜索 ore。执行此测试将仅显示以 ore 为前缀的函数列表。还有其他很多可用的函数。以下示例说明如何使用 apropos 函数，其返回结果包含 Oracle R Enterprise 特有的函数：

```
> apropos("^ore")
 [1] "ore.attach"          "ore.connect"           "ore.const"
 [4] "ore.corr"            "ore.create"            "ore.crosstab"
 [7] "ore.datastore"       "ore.datastoreSummary"  "ore.delete"
[10] "ore.detach"          "ore.disconnect"        "ore.doEval"
[13] "ore.drop"            "ore.esm"               "ore.exec"
[16] "ore.exists"          "ore.frame"             "ore.freq"
[19] "ore.get"             "ore.getXlevels"        "ore.getXnlevels"
[22] "ore.glm"             "ore.glm.control"       "ore.grant"
[25] "ore.groupApply"      "ore.hash"              "ore.hiveOptions"
[28] "ore.hour"            "ore.indexApply"        "ore.is.connected"
[31] "ore.lazyLoad"        "ore.lm"                "ore.load"
[34] "ore.ls"              "ore.make.names"        "ore.mday"
[37] "ore.minute"          "ore.month"             "ore.neural"
[40] "ore.odmAI"           "ore.odmAssocRules"     "ore.odmDT"
[43] "ore.odmGLM"          "ore.odmKMeans"         "ore.odmNB"
[46] "ore.odmNMF"          "ore.odmOC"             "ore.odmSVM"
[49] "ore.predict"         "ore.pull"              "ore.pull"
```

```
[52] "ore.pull"              "ore.push"              "ore.push"
[55] "ore.randomForest"      "ore.rank"              "ore.recode"
[58] "ore.revoke"            "ore.rm"                "ore.rollmax"
[61] "ore.rollmean"          "ore.rollmin"           "ore.rollsd"
[64] "ore.rollsum"           "ore.rollvar"           "ore.rowApply"
[67] "ore.save"              "ore.scriptCreate"      "ore.scriptDrop"
[70] "ore.scriptList"        "ore.scriptLoad"        "ore.second"
[73] "ore.showHiveOptions"   "ore.sort"              "ore.stepwise"
[76] "ore.summary"           "ore.sync"              "ore.tableApply"
[79] "ore.toXML"             "ore.univariate"        "ore.year"
[82] "OREShowDoc"
```

提示

如果没有获得上述函数列表，则可能是尚未加载 Oracle R Enterprise 程序包。在运行此命令之前，使用 Library(ORE)来确信已加载 ORE 程序包。

还探讨表 5-1 中列出的每个 ORE 程序包，并查看所有已被扩展的典型 R 函数。要访问有关某个 Oracle R 程序包的高级 R 文档，可使用帮助函数或使用问号。下例说明了这两种访问某个程序包的帮助函数的方法：

```
> help("OREstats")
>?OREstats
```

要查看包中的函数，可使用 ls 函数。例如，下面列出 OREstats 程序包中包含的所有函数：

```
> ls("package: OREstats")
```

可以想象，使用此代码将列出很多函数。在这个函数列表中，会看到将 ore 作为其名称一部分的函数。这些是 Oracle R Enterprise 特有的函数。列表中的其他函数是某些基本 R 程序包中的函数，这些包已被扩展以便与 Oracle R Enterprise 透明层一起使用，并允许在 Oracle Database 中执行这些函数。

当使用 Oracle R Enterprise 时，安装程序包有两个部分，如第 2 章所述：客户端安装和服务器安装。在客户端和服务器上要安装相同版本的 Oracle R Enterprise 程序包，这一点很重要。如果你不这样做，安装可能会终止并得到一些错误或不一致的行为。 要验证客户端和服务器上安装的 Oracle R Enterprise 的版本(如果直接在服务器上使用 R 和 ORE)，可使用 R 函数 packageVersion。该函数可检查作为 R 环境一部分的当前安装的程序包的版本。

```
> packageVersion("ORE")
  [1] '1.5'
```

要验证 Oracle Database 服务器上安装的 ORE 的版本，可使用 ore.doEval 函数。此函数在 Oracle Database 服务器上执行其所包含的命令，但把结果返回给 R 客户端。

```
> ore.doEval(function() packageVersion("ORE"))
```

检查在 Oracle Database 服务器上安装的 Oracle R Enterprise 的版本时，也可以使用此

示例，但这实际上取决于 R 在服务器上是如何安装的。验证所安装的 Oracle R Enterprise
的版本是作为 Oracle Database 的一部分来安装的，可使用 SQL 来验证。可从 Oracle Database
中的任何模式中运行以下 SQL 查询：

```
SELECT  value
FROM    sys.rq_config
WHERE   name = 'VERSION';


VALUE
----------------
1.5
```

如果客户端或服务器上的 Oracle R Enterprise 的版本号有差异，则需要升级或降级其
中的一个平台。

5.3　ORE 设置和选项

在使用 R 时，可配置大量的全局环境选项以便适应特定的环境。可设置全局环境选
项来指定控制每行显示的最大字符数或列数的宽度，指定要返回的数字的小数位数，并
指定错误报告级别。　例如，将显示的宽度设置为 100 个字符，并将小数位数设置为 5，
可使用以下 R 代码：

```
> options(width = 100)
> options(digits = 5)
```

可使用以下命令检查 R 会话的各种全局环境选项的设置：

```
> geo <- options()
> geo
```

当使用 R 客户端会话处理 Oracle Database 中的数据时，在某些场景下，当数据在这
两种环境之间映射时，数据可能略有改变。这些场景之一是处理具有 Date 数据类型的属
性。所使用的时区可能有差异。这种情况下，需要定义全局环境变量 TZ 和 ORA_SDTZ。
在建立与数据库的连接之前，就需要定义这两个变量。如果在创建了到数据的连接后再
试图设置这些全局环境变量，则它们将不起作用。

```
> Sys.setenv(TZ = "GMT")
> Sys.setenv(ORA_SDTZ = "GMT")
```

Oracle R Enterprise 自带了表 5-2 中描述的五个全局环境变量。可使用这些 ORE 特有
的选项来定义数据和查询结果的处理方式。

例如，下面给出一个将嵌入式 R 执行的并行度设置为 8 的示例，检查当前值，然后
将并行度重置为默认值：

```
> # What is the current degree of parallelism
> options("ore.parallel")
 $ore.parallel
 NULL
```

```
> # Set the degree of parallelism to 8
> options(ore.parallel=8)

> # Check the that the degree of parallelism is set to 8
> options("ore.parallel")
 $ore.parallel [1]
 8

> # Set the degree of parallelism back to the default for your ORE connection
> options(ore.parallel=NULL)
```

如第 3 章所述，当无法唯一标识每条记录时，会显示一些警告消息。 例如，当查询 CUSTOMERS_USA 表时，我们收到一条警告消息，指出"ORE 对象没有唯一的键——使用随机顺序"。

表 5-2　Oracle R Enterprise 的全局环境变量

ORE 全局环境变量	描述
ore.na.extract	默认值为 FALSE。 当为 FALSE 时，值为 NA 的行或元素将被删除。 当为 TRUE 时，带有一个 NA 的行或元素将产生具有 NA 值的行或元素。这与 R 处理数据帧和矢量对象中的缺失值的方式相似
ore.parallel	允许你在使用以下命令时为自己的 Oracle R Enterprise 会话指定要使用的并行度。 默认值为 NULL。 可以使用以下选项设置并行度： N 是并行度值。N 应该是一个大于或等于 2 的数字。 TRUE 将为数据库会话使用默认的并行度。 NULL 是针对数据库操作的默认设置。 FALSE 没有使用并行度，默认值为 1
ore.sep	这是用作 ore.frame 中的多个列行名称之间的分隔符的字符。 默认字符为	
ore.trace	如果设置为 TRUE，则可确保 Oracle R Enterprise 函数每次迭代时都打印输出。 默认值为 FALSE
ore.warn.order	默认值为 TRUE。 这个环境变量决定当 ORE 对象缺少某些信息，如行名、需要排序的对象等时，Oracle R Enterprise 是否显示警告消息。 当这个环境变量设置为 FALSE 时，不显示这些警告消息

第 3 章介绍了两种不同的方法来解决这类数据。但当建立自己的数据科学脚本时，有时使数据集有主键并据此获得有序的 R 对象是很好的。这种情况下，你可能并不希望显示这些警告信息。为此，可使用 ore.warn.order 全局环境选项关闭这些消息，如下面的

代码所示：

```
> # Check the current value of ore.warn.order
> options("ore.warn.order")
 $ore.warn.order
 [1] TRUE
> # Display the first 4 columns for the first 6 records
> # from the CUSTOMER_USA table
> head(CUSTOMERS_USA[,1:4])

   CUST_ID CUST_FIRST_NAME CUST_LAST_NAME  CUST_GENDER
1    43228           Abner        Everett            M
2    47006           Abner        Everett            M
3    12112           Abner        Everett            M
4    16581           Abner         Kenney            M
5    13895           Abner         Kenney            M
6    21006           Abner         Kenney            M
Warning messages:
1: ORE object has no unique key - using random order
2: ORE object has no unique key - using random order

> # Set the ore.warn.order option to FALSE
> # to turn off the warning messages
> options(ore.warn.order=FALSE)

> # Display the details from the CUSTOMER_USA table again
> # This time we do not get the warning messages
> head(CUSTOMERS_USA[,1:4])

   CUST_ID CUST_FIRST_NAME  CUST_LAST_NAME CUST_GENDER
1    43228           Abner         Everett           M
2    47006           Abner         Everett           M
3    12112           Abner         Everett           M
4    16581           Abner          Kenney           M
5     1389           Abner          Kenney           M
6    21006           Abner          Kenney           M

> # Set the value ore.warn.order back to TRUE
> options(ore.warn.order=TRUE)
```

5.4　获得 ORE 的帮助

当使用任何语言时，有时都需要得到有关某个命令或如何执行某个任务的帮助信息。R 语言自带一个内置的帮助系统。可以通过使用帮助函数或在你寻找帮助的函数之前放置一个问号的方式来访问这个帮助系统。例如，以下两个 R 命令是等效的，都可显示该函数内置的帮助文档。Oracle R Enterprise 为所有 Oracle R Enterprise 函数提供了一套完整的文档。

```
> help(ore.connect)
> ?ore.connect
```

你在本章的前面部分看到了如何找到一个可能的 Oracle R Enterprise 函数。

当需要的帮助超出了本书和有关 R 的 Oracle R Enterprise 文档的范围时,到哪里能获得可靠帮助呢?有三个主要选择。其中第一个是访问 Oracle R Enterprise 的支持,它是 Oracle Technology Network(OTN)社区网页论坛的一部分。这个空间或其他相关空间可在 Business Intelligence | Data Warehousing 下找到。在这里,你将发现 R 技术和 Oracle Data Mining 的论坛。这些论坛是快速获得对疑问的响应或对所遇到问题的回答的好地方,因为它们被相关的 Oracle 产品开发团队和许多活跃的社区成员所关注。可通过如下网址访问这些 OTN Community 空间和论坛:https://community.oracle.com/community/business_intelligence/data_warehousing/r。找到帮助信息的第二个地方是 Oracle 开发团队维护的博客。这些博客提供有关特性和如何执行某些任务的指示,以及每个新版本产品的变化的更新详细信息。将以下博客加入书签或将其添加到每日新闻提要中是很值得的:

- **Oracle R 技术**   https://blogs.oracle.com/R/
- **Oracle 数据挖掘**   https://blogs.oracle.com/datamining/

第三个找到信息的地方是 Oracle 网站中每个产品的网页。在以下网页上,你将找到相关产品的最新信息、访问文档、演示文稿,以及其他帮助你学习相关产品的文档/教程:

- **Oracle R 技术**   http://www.oracle.com/technetwork/database/database-technologies/r/r-technologies/overview/index.html
- **Oracle R Enterprise**   www.oracle.com/technetwork/database/database-databasetechnologies/r/r-enterprise/overview/index.html
- **Oracle 数据挖掘/Oracle 高级分析**   http://www.oracle.com/database/options/advanced-analytics

5.5 ORE 演示脚本

R 语言附带大量内置于几个 R 程序包中的演示脚本。此外,安装每个新的 R 程序包时,看一下它是否附带演示脚本是很值得的。

Oracle R Enterprise 自带一个由大量演示脚本构成的演示脚本集合,说明 Oracle R Enterprise 中的大量特性。如果你是 Oracle R Enterprise 新手,值得花一些时间来全部学习一下这些演示。这使你可以快速了解 Oracle R Enterprise 的能力。以下是目前可用的演示列表,并且此列表可能随着 Oracle R Enterprise 每个新版本的发布而增长:

```
> demo(package="ORE")

Demos in package 'ORE':
aggregate                    Aggregation
analysis                     Basic analysis & data processing operations
basic                        Basic connectivity to database
binning                      Binning logic
columnfns Column functions
```

cor	Correlation matrix
crosstab	Frequency cross tabulations
datastore	Datastore operations
datetime	Date/Time operations
derived	Handling of derived columns
distributions	Distribution, density, and quantile functions
do_eval	Embedded R processing
esm	Exponential smoothing method
freqanalysis	Frequency cross tabulations
glm	Generalized Linear Models
graphics	Demonstrates visual analysis
group_apply	Embedded R processing by group
hypothesis	Hyphothesis testing functions
matrix	Matrix related operations
nulls	Handling of NULL in SQL vs. NA in R
odm_ai	Oracle Data Mining: attribute importance
odm_ar	Oracle Data Mining: association rules
odm_dt	Oracle Data Mining: decision trees
odm_glm	Oracle Data Mining: generalized linear models
odm_kmeans	Oracle Data Mining: enhanced k-means clustering
odm_nb	Oracle Data Mining: naive Bayes classification
odm_nmf	Oracle Data Mining: non-negative matrix factorization
odm_oc	Oracle Data Mining: o-cluster
odm_svm	Oracle Data Mining: support vector machines
pca	
push_pull	RDBMS <-> R data transfer
randomForest	
rank	Attributed-based ranking of observations
reg	Ordinary least squares linear regression
row_apply	Embedded R processing by row chunks
sampling	Random row sampling and partitioning of an ore.frame
script	
sql_like	Mapping of R to SQL commands
stepwise	Stepwise OLS linear regression
summary	Summary functionality
table_apply	Embedded R processing of entire table

Oracle R Enterprise 演示脚本使用 R 自带的一些标准数据集。这些演示脚本大多使用 iris 数据集，但其他一些则使用 mtcars 和其他数据集。可使用以下 R 代码获取你安装的 R 中可用数据集的列表：

```
> library(help="datasets")
```

要运行其中一个 Oracle R Enterprise 演示脚本，需要运行 demo 函数。 此函数接受两个参数：演示的名称和程序包的名称。保存一个打印输出或 Oracle R Enterprise 演示脚本副本是很有用的，因为，当想运行几个演示时，这样更方便一些。

提示

运行 Oracle R Enterprise 演示脚本时，需要打开 ORE 连接。原因是这些脚本要获取标准 R 数据集并将其推送到数据库。所做的所有分析都将在位于数据库中的数据集上执行。

以下示例说明了运行分析演示脚本时所演示的内容：

```
> demo("analysis", package = "ORE")

 demo(analysis)
 ---- ~~~~~~~~

Type <Return> to start :
> #
> #     O R A C L E R E N T E R P R I S E S A M P L E L I B R A R Y
> #
> #     Name: analysis.R
> #     Description: Demonstrates basic analysis & data processing operations
> #     The setup of a table in the database is repeated in each script
> #
> #
>
> ## Set page width
> options(width = 80)

> # Push the built-in iris data frame to the database
> IRIS_TABLE <- ore.push(iris)

> # Display the class of IRIS_TABLE
> class(IRIS_TABLE)
[1] "ore.frame" attr(,"package")
[1] "OREbase"

> # Number of unique specifies
> length(unique(iris$Species))
[1] 3

> length(unique(IRIS_TABLE$Species))
[1] 3

> # What are the unique species ?
> levels(iris$Species)
[1] "setosa"     "versicolor" "virginica"

> levels(IRIS_TABLE$Species)
[1] "setosa"     "versicolor" "virginica"

> # Alternatively..
> unique(iris$Species)
[1] setosa     versicolor virginica
Levels: setosa versicolor virginica
```

```
> unique(IRIS_TABLE$Species)
[1] setosa versicolor virginica
Levels: setosa versicolor virginica

> # Count of observations with species = "setosa"
> nrow(iris[iris$Species == "setosa", ])
[1] 50
> nrow(IRIS_TABLE[IRIS_TABLE$Species == "setosa", ])
[1] 50

> # Count of rows where species == "setosa" and Petal.Width=0.3
> # Notice the use of a single & to represent a conjunction (AND)
> nrow(iris[iris$Species == "setosa" & iris$Petal.Width == 0.3, ])
[1] 7

> nrow(IRIS_TABLE[IRIS_TABLE$Species == "setosa" &
+                 IRIS_TABLE$Petal.Width == 0.3, ])
[1] 7

> # Exclude observations with Petal.Width > 0.3
> iris_new = iris[iris$Petal.Width <= 0.3, ]
> nrow(iris_new)
[1] 41
> class(iris_new)
[1] "data.frame"

> # On an ore.frame the result is just a logical query
> iris_new = IRIS_TABLE[IRIS_TABLE$Petal.Width <= 0.3, ]
> nrow(iris_new)
[1] 41

> # Look at the class of iris_new to confirm that it is indeed
> # a logical query
> class(iris_new)
[1] "ore.frame"
attr(,"package")
[1] "OREbase"

> # Missing is NA in R.
> # Lets count observations where Petal.Length is missing
> #
>
> nrow(iris[is.na(iris$Petal.Length), ]) [1] 0
> nrow(IRIS_TABLE[is.na(IRIS_TABLE$Petal.Length), ])
[1] 0

> # Or the other way round..
> nrow(iris[!is.na(iris$Petal.Length),])
```

```
[1] 150
> nrow(IRIS_TABLE[!is.na(IRIS_TABLE$Petal.Length), ])
[1] 150
>
```

5.6　小结

在本章中，我们探讨了 Oracle R Enterprise 程序包套件的一些能力，这些能力支持大范围的功能，包括使用标准 R 语法对数据库中的数据进行透明操作、预测分析、利用 R 进行的嵌入式 R 执行，也包括使用 SQL 访问的 R 脚本部署。经过在第 3～5 章的课程，我们已经探讨了许多涉及 Oracle R Enterprise 的项目中日常用到的特性；包括如何连接到数据库，如何将数据移动到数据库，如何对数据库中的数据运行 R 函数，如何探索 Oracle R Enterprise 程序包，如何查找程序包中的函数，以及如何获取帮助。在接下来的章节中，我们将进一步讨论第 3～5 章中的主题，探讨一些更高级的特性，如建立预测分析模型，创建 Oracle R Enterprise 脚本，以及使用 Oracle R Enterprise 的所有数据库自带的嵌入式 R 执行功能。

第6章

探索数据

　　本书前几章列出了多个示例来说明如何使用 Oracle R Enterprise 的各种特性来探索和处理数据。这些函数中的一部分包括对数据进行选择、更新和排序；创建对象；使用数据库自带的 Oracle R Enterprise 的 datastore。随着使用 Oracle R Enterprise 技能的提高，你会变得更有经验，进而想执行一些更高级的数据操作，以便帮助更详细地探索和了解自己的数据。

　　本章涵盖了一些更常用的主题和任务，当探索和准备数据作为你的数据科学项目的一部分时，你会典型地对数据运用这些主题和任务。以下各节的主题涵盖最典型的任务。这不是利用 Oracle R Enterprise 所执行的所有任务的列表。然而，除了用作探索性数据分析和数据准备的一部分的典型 R 函数之外，这些任务也是可以用的。在完成这些任务后，本人鼓励读者探索 Oracle R Enterprise 中提供的其他函数。随着 Oracle R Enterprise 的每一个版本的发布，我们将发现启用的越来越多 Oracle R Enterprise 函数，它们与 Oracle Database 中的函数等效。

本章各节的内容是按照你在数据科学项目中通常要经历的过程来安排的。这些项目开始于一些数据探索(将要给出的 ORE EDA 函数),对数据集进行抽样,创建各种数据转换以便重新格式化或产生新属性或特性,以各种方式对数据进行排序和组织,具体操作取决于你如何准备数据以及如何将数据集分割或划分为多个子部分以及如何聚合数据。这些子部分可以用于不同目的。例如,如果你正在构建分类模型,则需要创建一个数据集用于训练模型,创建另一个数据集用于测试模型。

6.1　探索性数据分析(EDA)

R 语言拥有数量庞大的一系列用于数据探索的函数。其中一些已在前几章中使用过了,有大量的书籍和网站可供你学习这些函数。这里不介绍 EDA 的全部函数,而只介绍表 6-1 中所列的一些 ORE 所特有的函数。

除了表 6-1 中列出的函数之外,Oracle R Enterprise 还通过透明层映射了 R 基础包和 R stat 包中的大多数典型统计函数。

ore.summary 函数使用大量基于数值属性的统计函数来计算描述性统计。默认情况下,所使用的统计函数包括非过失(nonmissing)值的频率或计数、平均值、最小值和最大值。除了这些统计函数之外,还有更多内容,如表 6-1 所列。

表 6-1　Oracle R Enterprise 的探索性数据分析函数

ORE 功能	描述
ore.corr	用于进行数值列间的相关分析
ore.crosstab	用于构建交叉表;支持多列。还允许使用可选的聚合、加权和排序选项
ore.esm	在有序的 ore.vector 函数中为数据构建一个指数平滑模型
ore.freq	使用 ore.crosstab 函数的输出,它确定是否应该对结果使用二维(two-way)交叉表或 N 维(N-way)交叉表
ore.rank	允许调查数值列中值的分布
ore.sort	允许以各种方式对数据进行排序
ore.summary	基于 ORE 数据帧中的数据提供一系列描述性分析
ore.univariate	提供 ORE 数据帧中数值列的分布分析。给出由 ore.summary 函数得到的统计结果以及符号秩检验和极值

```
"n" or "freq" (Count of non-missing values)
"count" or "cnt" (Count of all observations)
"nmiss" (Count of missing values)
"mean" or "avg" (Average of values)
"min" (Minimum of values)
"max" (Maximum of values)
"css" (Corrected sum of squares)
"uss" (Uncorrected sum of squares)
"cv" (Coefficient of variation)
```

```
"sum" (Sum of values)
"sumwgt" (Weighted sum of values)
"range" (Range of values)
"stddev" or "std" (Standard deviation of values)
"stderr" or "stdmean" (Standard error for the mean)
"variance" or "var" (Variance of values)
"kurtosis" or "kurt" (Kurtosis)
"skewness" or "skew" (Skewness)
"loccount<" or "loc<" (Number of observations whose values are less than the supplied mu)
"loccount>" or "loc>" (Number of observations whose values are greater than the
supplied mu)
"loccount!" or "loc!" (Number of observations whose values are not equal to the
supplied mu)
"loccount" or "loc" (Number of observations whose values are equal to the supplied mu)
Percentiles Types: "p0", "p1", "p5", "p10", "p25" or "q1", "p50" or "q2" or "median",
"p75" or "q3", "p90", "p95", "p99", "p100"
"qrange" or "iqr" (Interquartile range, Q3-Q1)
"mode" (Most frequently occurring value)
"lclm" (Two-sided left confidence limit with confidence level of the interval equal
to 0.95)
"rclm" (Two-sided right confidence limit with confidence level of the interval equal
to 0.95)
"clm" (Two-sided confidence interval with confidence level of the interval equal
to 0.95)
"t" (Student's t-test statistic)
"probt" or "prt" (Two-tailed p-value for student's t-test)
```

以下示例说明了如何在只有一个数字属性的基本级别上使用 ore.summary 函数。如
果要包含其他数值属性，可将它们包含在 var 列表中。

```
> # EDA - Examples
> #
> # Use the CUSTOMERS_V data. It is in our schema in the Database
> full_dataset <- CUSTOMERS_USA
> names(full_dataset)
> # Generate the summary statistics
> ore.summary(full_dataset, var="CUST_YEAR_OF_BIRTH")

    FREQ     N      MEAN   MIN   MAX
1  18520  18520  1958.838  1913  1990
```

这个例子说明了 ore.summary 是如何使用默认的统计函数列表的。如果想用其他一
些 ore.summary 可用的函数，就需要列出所有这些统计函数，如下例所示：

```
> ore.summary(full_dataset, var="CUST_YEAR_OF_BIRTH",
                        stats=c("n", "nmiss", "min", "max", "range", "std"))

    FREQ     N NMISS  MIN  MAX RANGE      STD
1  18520  18520     0  1913  1990    77  14.98443
```

ore.summary 函数还允许对计算进行分组(即进行分组计算)。进行分组时，会针对基

于用于分组属性中的所有值的数字属性生成统计信息。以下示例说明了针对 CUST_GENDER 属性中每个值计算的统计信息。第一行结果提供了针对 CUST_YEAR_OF_BIRTH 属性的总体统计信息。这与前面的例子相同。通过行 2 和 3，我们得到了针对 CUST_GENDER 属性中值 "M" 和 "F" 的统计信息。

```
> ore.summary(full_dataset, class ="CUST_GENDER", var ="CUST_YEAR_OF_BIRTH")

  CUST_GENDER   FREQ  TYPE      N     MEAN   MIN   MAX
1           F   6197     0   6197 1959.183  1913  1990
2           M  12323     0  12323 1958.665  1913  1990
3        <NA>  18520     1  18520 1958.838  1913  1990
```

可通过在 class 选项中列出属性来添加更多对集合进行分组的层级。针对所列出的每个属性，我们都将获得不同的分组层级。例如，如果将 CUST_CITY 添加到 class 列表中，便将获取数据集中每个城市的男性和女性的统计信息。这里显示了一部分输出：

```
> ore.summary(full_dataset, class = c("CUST_CITY", "CUST_GENDER"),
                            var ="CUST_YEAR_ OF_BIRTH", ways = 2)

     CUST_CITY CUST_GENDER  FREQ  TYPE   N     MEAN   MIN   MAX
1          Opp           F    10     0  10 1963.800  1944  1983
2          Opp           M    14     0  14 1952.357  1942  1972
3         Alma           F    37     0  37 1958.000  1922  1986
4         Alma           M    74     0  74 1957.257  1926  1986
5         Earl           F    15     0  15 1958.133  1931  1984
6         Earl           M    38     0  38 1958.342  1936  1980
7         Elba           F    34     0  34 1962.353  1935  1985
8         Elba           M    80     0  80 1956.575  1925  1982
9         Gays           F    15     0  15 1959.933  1935  1983
10        Gays           M    39     0  39 1961.359  1923  1984
...
```

除了 ore.summary 函数外，ore.univariate 函数还给出数值变量的统计量。这些额外的统计信息中的一些包括带符号的秩检验、极值报告等。以下是使用此函数的示例，以及默认生成的统计信息：

```
> ore.univariate(full_dataset, var ="CUST_YEAR_OF_BIRTH")

        SKEW      KURT      N SUMWGT     MEAN      SUM    STDDEV      VAR        USS
CSS      CV   STDERR
 1 -29450213 -7477842093 18520 18520 1958.838 36277682 14.98402 224.5209 71066264568
4158127 0.7649443 0.1101082
```

ore.corr 函数允许对数据进行相关分析。相关分析可包括数字属性的 Pearson、Spearman 和 Kendall 相关性。默认情况下，ore.corr 函数将生成 Pearson 相关分析。以下示例说明了 CUST_POSTAL_CODE 和 CUST_CITY 的相关性分析。在 Oracle Database 的 CUSTOMERS_USA 表中，这些属性被定义为字符型数据类型，但这些属性实际上是一个数字值，可将它们重新映射为数值。

```
> # Use the CUSTOMERS_V data. It is in our schema in the Database
> full_dataset <- CUSTOMERS_USA
> # add an index to the data frame
> row.names(full_dataset) <- full_dataset$CUST_ID
> # Remap the following to numeric data type
> full_dataset$CUST_POSTAL_CODE <- as.numeric(full_dataset$CUST_POSTAL_CODE)
> full_dataset$CUST_CITY_ID <- as.numeric(full_dataset$CUST_CITY_ID)
```

然后，可以使用以下代码执行相关分析：

```
> # Correlation analysis using Pearson
> ore.corr(full_dataset, var="CUST_POSTAL_CODE, CUST_CITY_ID")

                  ROW          COL  PEARSON_T  PEARSON_P PEARSON_DF
1 CUST_POSTAL_CODE CUST_CITY_ID -0.01246904 0.08972686      18518
```

你会期望这是高度不相关的，而 PEARSON_P 这一列下的数值也指明了这一点。可以向 var 列表中添加属性，函数会计算每对属性间的相关性。

如果要进行 Spearman 或 Kendall 相关分析，可通过更改 stats 设置的默认值来实现，如下所示：

```
> # Correlation analysis using Spearman
> ore.corr(full_dataset, var="CUST_POSTAL_CODE, CUST_CITY_ID", stats="spearman")

                  ROW          COL SPEARMAN_T SPEARMAN_P SPEARMAN_DF
1 CUST_POSTAL_CODE CUST_CITY_ID 0.00420496  0.5671802       18518
```

ore.crosstab 函数允许基于数据集中的属性创建一些交叉表分析。交叉表将基于所指定的属性创建一个频率计数表。

以下示例显示如何使用 ore.crosstab 为数据集中的男性和女性创建一个简单的频率计数：

```
> # Use the CUSTOMERS_V data. It is in our schema in the Database
> full_dataset <- CUSTOMERS_USA> # add an index to the data frame
> row.names(full_dataset) <- full_dataset$CUST_ID
> # Crosstab example
> ore.crosstab(~CUST_GENDER, data=full_dataset)

  CUST_GENDER ORE$FREQ ORE$STRATA ORE$GROUP
F           F     6197          1         1
M           M    12323          1         1
```

可以添加要包含在交叉表计算中的任意数量的属性，还可以给计算添加不同的组。例如，假设你想要计算每个年龄段男性和女性的人数。这在下面的示例中显示，并给出了一个输出示例：

```
> full_dataset $ AGE < - as.numeric(format(Sys.time(), "%Y")) -
                        full_dataset $ CUST_YEAR_OF_BIRTH
>#Analyze Age by Customer Gender
> ore.crosstab(AGE~CUST_GENDER, data = full_dataset)
```

```
       AGE CUST_GENDER  ORE$FREQ  ORE$STRATA  ORE$GROUP
26|F    26          F         1           1          1
26|M    26          M         9           1          1
27|F    27          F        10           1          1
27|M    27          M        12           1          1
28|F    28          F         7           1          1
28|M    28          M        25           1          1
29|F    29          F        14           1          1
29|M    29          M        29           1          1
30|F    30          F        45           1          1
30|M    30          M        76           1          1
31|F    31          F        62           1          1
31|M    31          M        90           1          1
32|F    32          F       102           1          1
32|M    32          M       123           1          1
33|F    33          F       110           1          1
33|M    33          M       175           1          1
34|F    34          F       114           1          1
34|M    34          M       170           1          1
35|F    35          F       119           1          1
...
```

可以添加要包含在交叉表分析中的属性。下面的例子创建两组输出。第一个输出集合根据 Customer Gender 的值针对 Customer Age 进行计算。第二个输出集合根据 Customer Gender 的值针对 Customer City 进行计算。

```
> # Analyze Age by Customer Gender and Customer City by Customer Gender
> ore.crosstab(AGE+CUST_CITY~CUST_GENDER, data=full_dataset)
```

当使用 ore.crosstab 函数生成数据时，可以对数据进行排序，以便使输出按照频率计数的升序或降序显示是非常有用的。以下两个例子说明如何按照升序显示输出(在第一个 ore.crosstab 函数调用中显示)和按降序显示输出(在第二个 ore.crosstab 函数调用中显示)：

```
> # Order the data in ascending Frequency count order
> ore.crosstab(AGE+CUST_CITY~CUST_GENDER | FREQ, data=full_dataset)
> # Order the data in descending Frequency count
> order ore.crosstab(AGE+CUST_CITY~CUST_GENDER | -FREQ, data=full_dataset)
```

ore.rank 函数分析数据并计算数值属性值的分布。可以指定基于整个数据集或在属性的分组内进行求秩计算，以及基于百分比和百分位数进行求秩计算。

当使用 ore.rank 函数时，可创建附加属性来捕获求秩计算的值。如果希望稍后在分析中使用此求秩计算的值在报告和仪表板上输出和组织数据，则这一点尤其有用。

下面的例子介绍了 ore.rank 函数的一些典型用法。没有给出输出列表，因为数据集中的所有记录都已归还了。使用 ore.rank 的第一个例子在输出中创建一个名为 Rank_CL 的新属性来指示 CUST_CREDIT_LIMIT 值的秩。第二个例子使用 group.by 在属性 CUST_CITY 的每个值中创建秩。第三个例子重做了前面的求秩过程，只不过将其改变为百分比秩和当 ties 生效时求密集秩。

```
> # EDA - ore.rank
> #
> # Use the CUSTOMERS_V data. It is in our schema in the Database
> full_dataset <- CUSTOMERS_USA
> # add an index to the data frame
> row.names(full_dataset) <- full_dataset$CUST_ID
> # Basic use of ore.rank
> head(ore.rank(full_dataset, var="CUST_CREDIT_LIMIT=Rank_CL"),50)
> # Rank based on grouping on CUST_CITY attribute
> head(ore.rank(full_dataset, var="CUST_CREDIT_LIMIT=Rank_CL", group.by="CUST_CITY",
ties="dense"),50)
> # Percentage Rank on grouping
> head(ore.rank(full_dataset, var="CUST_CREDIT_LIMIT=Rank_CL", group.by="CUST_CITY",
percent=TRUE, ties="dense"),50)
```

处理数据集时，你可能想要对其进行排序，以便根据已计算出的秩对记录进行排序。以下示例说明如何创建一个包含原始数据和包含秩值的新属性的数据集。然后，可以根据秩属性中的值，使用 ore.sort 函数创建一个有序的数据集。

```
> # Create a Sorted dataset of the Ranked Data
> ranked_data <- ore.rank(full_dataset, var="CUST_CREDIT_LIMIT=Rank_CL",
                          group.by="CUST_CITY", percent=TRUE, ties="dense")
> sorted_ranked_data <- ore.sort(ranked_data, by=c("CUST_CITY", "Rank_CL"))
> head(sorted_ranked_data,30)
```

6.2　数据抽样

当开始使用数据集时，可以很容易地用 R 从数据库中提取数据，并在笔记本电脑或 PC 上本地分析此数据。但随着你冒险进入 Big Data 的世界，数据集的大小(包括记录数量和属性或特征的数量)可能急剧增加。这些情况下，数据集会变得太大，无法在本地计算机上进行处理。

传统上，使用 R 时要使用 ROracle 或 RJDBC 将数据提取到本地计算机中，然后在本地创建不同的数据子集。在使用 Big Data 时，我们需要一种替代方法。通过 Oracle R Enterprise，可使用在 Oracle Database 中执行的各种数据抽样技术。这是通过 Oracle R Enterprise 的透明层实现的。Oracle R Enterprise 中可用的典型数据抽样技术的概述如表 6-2 所示。

当使用表 6-2 中概述的这些数据抽样技术时，数据抽样和相应的处理将在 Oracle Database 中发生。所得到的抽样数据集将存在于 Oracle Database 中，并可通过一个 ORE 代理对象访问此数据集。然后，可选择将抽样数据保留在 Oracle Database 中，或将数据集拉到本地计算机中。

表 6-2　数据抽样技术

抽样技术	描述
Random	该技术从输入数据集中随机抽取样本，并创建一个包含指定条数记录的子集。该方法将抽样数据集中应该有的记录数作为输入
Stratified	该技术希望基于某个特定属性来进行随机化的数据选择。例如，如果该属性包含值 0 和 1，则抽样所得的数据集中所选定的记录中该属性为 0 和 1 的记录数将与原始数据集中的记录数成比例 创建用于构建和测试分类数据挖掘模型的数据集时，这是一种非常常用的技术
Split	使用分割抽样技术可以将数据集分成多个较小的数据集。例如，可以用它来创建训练和测试数据集。这种方法与 stratified sampling 技术的不同之处在于没有使用属性来规定划分数据的比例
Cluster	集群抽样允许你基于某些随机选择的组进行数据抽样，而随机选择组则根据某个特定属性中的值进行
Systematic	系统抽样按照固定的间隔从数据集中选择行。也可给出要选择的第一条记录的起始位置

以下示例说明如何使用表 6-2 中概述的数据抽样技术。我们将看到的第一个抽样技术是随机抽样。在运行这种抽样技术之前，需要设置种子值。

虽然种子值在技术上不是必需的，但是当需要结果可重现时，设置种子值是有用的。种子值是供随机数生成器用来初始化其算法的。以下示例说明如何创建 CUSTOMERS_V 数据集的一个随机样本，并生成包含指定条数的记录的子集。在本例中，CUSTOMERS_V 对象包含 55 500 条记录，我们要创建一个包含 1000 条记录的样本数据集。

```
> # Use the CUSTOMERS_V data. It is in our schema in the Database
> # Random Sampling Example
> #
> full_dataset <- CUSTOMERS_V
> # add an index to the data frame
> row.names(full_dataset) <- full_dataset$CUST_ID
> # Check the class of the object. It should be an ore.frame pointing
> # to the object in the Database
> class(full_dataset) [1] "ore.frame" attr(,"package")
 [1] "OREbase"
> # Set the sample size
> SampleSize <- 1000
> # Create the sample data set
> sample_dataset <- full_dataset[sample(nrow(full_dataset), SampleSize), ,
                                 drop=FALSE]
> # Check to class of the sample data set. As an ore.frame object
> # the sample data set is located in the Database. No data movement
> # has occurred in creating it.
> class(sample_dataset)
```

```
 [1] "ore.frame"
 attr(,"package")
 [1] "OREbase"
> # Check the number of rows in the sample data set
> nrow(sample_dataset)
 [1] 1000
```

注意

抽样函数要求数据集是有序的，并有一个为排序而定义的属性。如果数据来自你的模式中的一个表，并且该表有一个主键，则它将决定顺序。当表没有主键或正在使用视图时，就需要定义一个属性用于排序。这在前面的示例中使用以下内容进行了说明：

```
#Add an index to the data frame
row.names(full_dataset)< - full_dataset $ CUST_ID
```

完成此示例后，将得到一个包含 1000 条记录的样本数据集，这些记录是从完整数据集中随机选择的。还可以看到样本数据集是一个 ore.frame，这意味着样本数据集驻留在数据库中，创建此数据集的所有工作都是通过 ORE 透明层在数据库中完成的。没有数据移动且使用了 Oracle Database 的性能和可扩展特性。

分层抽样则期望根据来自一个或多个特定属性的值生成一个样本数据集。这是一种构建 Classification 数据挖掘模型时很常用的抽样技术。采用分层抽样，你希望抽样所得的数据集的各种成分的比例和原始数据集的相同。

以下示例说明了如何基于 CUST_GENDER 属性的各种值的比例创建分层样本集。此例同样使用 CUSTOMER_V 数据集，并同样创建一个有 1000 条记录的样本数据集。根据分割属性(CUST_GENER)的值，将数据集分为小组，并从一个小组中选取一个随机样本，其中的记录数与从另一个小组中选取的记录数成比例。然后使用 rbind 将从这些抽样所得的每个小组的输出合并，形成一个 ore.frame 对象。

```
> # Stratified Sampling example
> #
> full_dataset <- CUSTOMERS_V
> # add an index to the data frame
> row.names(full_dataset) <- full_dataset$CUST_ID
> # Check the class of the object. It should be an ore.frame pointing
> # to the object in the Database
> class(full_dataset)
 [1] "ore.frame"
 attr(,"package")
 [1] "OREbase"
> # Set the sample size
> SampleSize <- 1000
> # Calculate the total number of records in the full data set
> NRows_Dataset = nrow(full_dataset)
> # Create the Stratified data set based on using the CUST_GENER attribute
> stratified_sample <- do.call(rbind,
            lapply(split(full_dataset, full_dataset$CUST_GENDER),
```

```
            function(y) {
                NumRows <- nrow(y)
                y[sample(NumRows, SampleSize*NumRows/NRows_Dataset), , drop=FALSE]
            }))
> class(stratified_sample)
 [1] "ore.frame"
 attr(,"package")
 [1] "OREbase"
> nrow(stratified_sample)
 [1] 999
```

在这个特定的例子中，抽样数据集只包含 999 条记录，尽管我们要求的是 1000 条记录。当执行分层抽样时，根据正在使用的属性值的比例划分数据集。这可能导致抽样数据集中记录的数量比所要求的少一些。如果更改属性(例如，更改为 COUNTRY_ID)，将得到一个具有稍微不同数量记录数的样本数据集。

使用分割抽样，我们要从主数据集中创建两个数据集。执行分割抽样时，要指定其中一个数据集的大小。这是通过指定其中一个被分割出来的数据集中有多少条记录来完成的。然后，可将所有其他记录分配给另一个数据集。这是通过数据分组来实现的。

```
> # Split Sampling
> #
> full_dataset <- CUSTOMERS_V
> # add an index to the data frame
> row.names(full_dataset) <- full_dataset$CUST_ID
> # Check the class of the object. It should be an ore.frame pointing
> #   to the object in the Database
> class(full_dataset)
 [1] "ore.frame"
 attr(,"package")
 [1] "OREbase"
> # Get number of records in full data set> nrow(full_dataset)
 [1] 55500
> # Set the sample size to be 40% of the full data set
> #   The Testing data set will have 40% of the records
> #   The Training data set will have 60% of the records
> SampleSize <- nrow(full_dataset)*0.40
> # Create an index of records for the Sample
> Index_Sample <- sample(1:nrow(full_dataset), SampleSize)
> group <- as.integer(1:nrow(full_dataset) %in% Index_Sample)
> # Create a partitioned data set of records not selected to be in sample
> Training_Sample <- full_dataset[group==FALSE,]
> # Get the number of records in the Training Sample data set
> nrow(Training_Sample)
 [1] 33300
> # Create a partitioned data set of records who were selected to be in the sample
> Testing_Sample <- full_dataset[group==TRUE,]
> # Get the number of records in the Testing Sample data set
> nrow(Testing_Sample)
 [1] 22200
```

从这个例子可以看出，完整的数据集包含 55 500 条记录。我们将其中一个被分割出来的数据集的样本大小设置为这个记录数量的 40%。测试数据集是利用随机选择的记录(其中 group == TRUE)创建的，其余记录被分配给测试数据集(其中 group == FALSE)。

集群抽样允许我们利用某些记录来创建分区数据集，这些记录是根据完整数据集中某个属性的被随机选定的值选定的。在下例中，抽样数据集分两步创建。第一步涉及基于随机选择的组数创建数据的子集。在我们的示例中，这是基于在 COUNTRY_ID 属性中随机选择国家中来实现的。我们从 COUNTRY_ID 中所有唯一值中随机选择三个国家。第二步涉及从该子集中随机选择记录来获得最终的样本数据集。

```
> # Cluster Sampling
> #
> full_dataset <- CUSTOMERS_V
> # add an index to the data frame
> row.names(full_dataset) <- full_dataset$CUST_ID
> # Set the sample size
> SampleSize <- 1000
> # Create the Clustered subset that will contain 3 randomly selected countries
> Cluster_SubSet <- do.call(rbind,
                            sample(split(full_dataset, full_dataset$COUNTRY_ID), 3))
> nrow(Cluster_SubSet)
> # Create the final Cluster Sample data set based on the Sample Size value
> Cluster_Sample <- Cluster_SubSet[sample(nrow(Cluster_SubSet), SampleSize), ,
                            drop=FALSE]
> # Check the number of records produced and the number of distinct split values
> nrow(Cluster_Sample)
> unique(Cluster_Sample$COUNTRY_ID)
```

注意

需要注意用于表示样本大小的值。如果基于属性值选择数据的第一步产生的记录数小于最终的样本量，则会收到一条错误消息。

系统抽样以规则的间隔对数据进行抽样，选择以所确定的间隔发现的那些行。例如，假设你要对每五行进行抽样。对于这种方法，需要定义两个变量。第一个变量是开始抽样的起始位置。第二个变量是间隔设置。在以下示例中，起始位置为记录 1000，间隔设置为每 20 条记录。使用此抽样技术，不需要指定抽样数据集的大小。抽样数据集的大小取决于初始记录数、起始位置和间隔设置。

```
> # Systematic Sampling
> #
> full_dataset <- CUSTOMERS_V
> # add an index to the data frame
> row.names(full_dataset) <- full_dataset$CUST_ID
> # Set the Starting position
```

```
> StartPosition <- 1000
> # Set the Interval setting
> IntervalSetting <- 20
> # Create the sample data set based on the Starting Position
> # and the Interval setting
> sample_dataset <- full_dataset[seq(StartPosition, nrow(full_dataset),
                              by = IntervalSetting), , drop=FALSE]
> nrow(sample_dataset)
 [1] 2726
```

本节探讨了表 6-1 列出的各种数据抽样技术，它们使用 ORE 透明层创建抽样数据集，这些数据集存在于 Oracle Database 的模式中。通过使用这些技术，便不需要在 Oracle Database 和客户端计算机之间移动数据。所有工作都在 Oracle Database 中执行，因此 Oracle Database 的全部可扩展性和性能都得到了利用。

6.3　数据聚合

在为数据科学项目准备数据时，一个常见任务是对数据进行大量计算以产生聚合值。常用函数包括 min、max 和 mean，并且当利用 ORE 使用这些函数时，ORE 的透明层会将它们重新映射到 Oracle Database 的等效 SQL 中。

除了这些常用的生成聚合值的函数外，还可以使用聚合函数。此函数特别有用，因为可根据不同的属性组和这些属性中的不同值来生成聚合结果。在以下示例中，名为 CUSTOMERS_V 的 ore.frame 对象中的数据将被聚合，从而生成每个国家的客户数量。通过设置 FUN = length 来激活计数功能。

```
> # Aggregating Data
> AggData <- aggregate(full_dataset$CUST_ID,
                    by = list(COUNTRY_ID = full_dataset$COUNTRY_ID),
                    FUN = length)
> AggData
> # sort the Aggregated Data in ascending order
> ore.sort(data = AggData, by = "x")
> # sort the Aggregated Data in descending order
> ore.sort(data = AggData, by = "x", reverse = TRUE)
       COUNTRY_ID        x
 52769     52769       597
 52770     52770      7780
 52771     52771       712
 52772     52772      2010
 52773     52773       403
 52774     52774       831
 52775     52775       832
 52776     52776      8173
 52777     52777       383
 52778     52778      2039
```

```
52779        52779        3833
52782        52782         624
52785        52785         244
52786        52786         708
52787        52787          75
52788        52788          91
52789        52789        7557
52790        52790       18520
52791        52791          88
```

可以通过多种方式使用此聚合数据，包括在数据集中创建附加属性，执行附加计算，并随后将这些新创建的值作为属性添加到数据集中。例如，可通过旋转数据、将行转换为列来快速创建一个新的属性集合。

在刚给出的例子中，聚合是基于一个特定的属性来进行的。当遇到更复杂的聚合级别时，你将需要基于多个属性进行聚合。在以下示例中，通过在聚合函数的 by 列表中添加一个项目来说明了这一点：

```
> AggData2 <- aggregate(full_dataset$CUST_ID,
                      by = list(COUNTRY_ID = full_dataset$COUNTRY_ID,
                                CUST_GENDER = full_dataset$CUST_GENDER),
                      FUN = length)
> AggData2
> # sort the Aggregated Data in by CUST_GENDER and then the count value
> ore.sort(data = AggData2, by = c("CUST_GENDER", "x"))
```

除了聚合函数之外，Oracle R Enterprise 还具有多个窗口类型的函数。使用这些窗口类型函数，可基于预定数量的记录来执行计算。通过划定窗口，计算将仅针对处于窗口范围内的记录进行。当窗口移到下一组记录时，将再次执行计算。这一直持续到数据集中的所有记录都被覆盖为止。

Oracle R Enterprise 具有一组特定的函数，可用来执行这些类型的窗口功能。这些 ORE 函数前缀为 ore.roll，如表 6-3 所示。

表 6-3　ORE 的窗口函数

功能	描述
ore.rollmax	对滚动窗口滚动执行最大值计算
ore.rollmean	对滚动窗口滚动执行平均计算
ore.rollmin	对滚动窗口滚动执行最小值计算
ore.rollsd	对滚动窗口滚动进行标准偏差计算
ore.rollsum	对滚动窗口滚动执行求和计算
ore.rollvar	对滚动窗口滚动执行方差计算

当调用其中一个 ore.roll 函数时，需要传递一个有序的 ore.frame 和包含用于计算的值以及窗口大小的属性。计算将仅对所选记录窗口内的值执行。下面说明窗口大小为 5 时，如何计算 CUSTOMERS_V 中 CREDIT_LIMIT 的平均值：

```
>#Rolling calculations
> x <- ore.rollmean(full_dataset$CUST_CREDIT_LIMIT, 5)
> head(x)

[1] 6833.333 5500.000 4700.000 3200.000 1500.000 1800.000
```

当处理时间序列数据时，这些 ore.roll 函数特别有用。

6.4　数据转换

探索数据时，经常需要创建一些附加属性。这些新属性将用于存储某些常用计算的值，存储根据确定的规则所新生成的值，组合或添加来自另一个数据集合的属性。可将大量可能的数据转换应用于数据。本书不可能包括所有这些转换的例子。许多书籍和网站上都有关于这些任务的细节描述。

本节旨在说明一些可对数据使用的较常见任务，特别是那些利用 ORE 透明层的任务。这些任务包括创建基于数据集中其他属性的派生属性，根据确定的业务规则创建分块数据，以及如何组合多个数据集，这些数据集是指向 Oracle Database 中对象的 ORE 数据帧对象。

6.4.1　派生属性

派生属性是基于对数据集中的一个或多个属性所进行的某些计算或转换而创建出来的。这样做的目的是生成一个新属性，它包含一个将用作数据科学项目一部分的值。不用每次分析时都要计算这些值，可以一次性地把它们创建出来，并使它们在下一次使用时可用即可。这些新的派生属性将成为数据集的一部分(在 ore.frame 对象中)，并且可将其保存为你的模式中的表或 ORE datastore 中的对象。

使用 R 时，有多种方法来基于数据集中某些其他属性创建新属性。这些属性可以包含基于 R 中可用的各种统计和数学函数的值，或者基于某些子设置定义的值。以下示例说明了如何创建三个属性。数据集是基于第 3 章创建的 PRODUCTS_V 对象建立的。在此例中，创建一个新属性来存储税率，第二个属性存储基于产品价格确定的税额，第三个属性存储包括税额的产品价格：

```
> # Adding Derived Attributes
> products <- PRODUCTS_V
> class(products)
> # Add the following Tax related values to the products ORE data frame
> products$TAX <- 0.21
> products$TAX_AMT <- products$PROD_LIST_PRICE * products$TAX
> products$PROD_TOTAL_PRICE <- products$PROD_LIST_PRICE + products$TAX_AMT
> # List the attributes and display the first 6 records.
> names(products)
> head(products)
```

当查看数据集时，会发现新属性已被添加到数据集末尾处。现在可轻松地在各种分析中使用这些新值了。

或者，可以使用 transform 函数，它可以将多个转换组合在一个函数调用中。使用与上一个示例相同的计算，以下示例代码使用 transform 函数执行完全相同的操作：

```
> products <- PRODUCTS_V
> # Adding Derived Attributes using the Transform function
> products <- transform(PRODUCTS_V,
                    TAX = 0.21,
                    TAX_AMT = PROD_LIST_PRICE * 0.21,
                    PROD_TOTAL_PRICE = (PROD_LIST_PRICE * 0.21) + PROD_LIST_PRICE)
> # List the attributes and display the first 6 records.
> names(products)
> head(products)
```

可以看到，这个例子的代码量比较少，根据自己的背景，可以看出使用这两种方法中的任何一个的优缺点——或者你有自己更喜欢的方法。

这些示例要说明的是，数据集驻留在 Oracle Database 中。没有从 Oracle Database 到客户机的数据移动，并且所有数据转换都在 Oracle Database 中执行并存储。

6.4.2　分块属性

使用一种类似于刚刚提到的技术，可以为我们的数据转换添加分块。分块允许我们将某个属性的若干值或其某个范围内的值进行分组，并为每个组分配一个确定的值或标签。可以使用它来生成不同的类别，这使我们能以比查看大范围的值更有意义的方式对这些类别进行分析。

以下示例说明了如何将值转换为分块的值。我们将检查名为 CUSTOMERS_V 的 ore.frame 中包含的客户数据，并创建一个新属性，它将把客户分配到某个年龄范围中，这些年龄范围依据下面的规则确定：

> 当年龄在 0 至 18 岁之间时，"太年轻"
> 当年龄在 19 岁到 54 岁之间时，"成人"
> 当年龄在 55 岁和 64 岁之间时，"养老金计划者"
> 当年龄在 65 岁以上时，"养老金领取者"

就像以前的例子一样，可以采用很多不同的方法做到这一点。以下示例说明了如何创建一个包含分块值的新属性。这将涉及定义一个执行年龄计算的函数，然后使用转换函数来创建新属性。

```
> # Binning - Bin Age into categories
> customers <- CUSTOMERS_V
> # Determine the current year in YYYY format and convert to numeric data type
> current_year <- as.numeric(format(Sys.time(), "%Y"))
> # Function to calculate the age difference based on the years.
> age_diff <- function(x,y) {
              x-y
            }
> # Add the new attribute with the binned values
```

```
> customers <- transform(customers,
  AGE_BIN = ifelse(age_diff(current_year, CUST_YEAR_OF_BIRTH) >= 65, 'Pensioner',
    ifelse(age_diff(current_year, CUST_YEAR_OF_BIRTH) >= 55, 'Pension Planner',
      ifelse(age_diff(current_year, CUST_YEAR_OF_BIRTH) >= 19, 'Adult', 'Too Young'
))))
> head(customers, 50)
```

6.4.3　组合数据

处理完各种数据集后，你将在某些时刻想要将这些数据混合到一个数据集中，并将它作为分析的主要数据集。可以使用合并函数来组合两个数据集。合并函数需要使用两个数据集或 ORE 数据帧的名称、来自第一个数据集的连接属性和来自第二个数据集的连接属性。这有点像指定 SQL SELECT 语句的 WHERE 子句。合并函数将第二个数据集的属性添加到第一个数据集的属性中。来自第二数据集的连接属性未包括在合并的数据集中。

在下面的示例中，我们想要扩充客户数据集，使之包含客户的国家所在的地理区域。包含此信息的属性位于 COUNTRIES_V 的 COUNTRY_REGION 属性中。第一步是创建由 COUNTRY_ID 和 COUNTRY_REGION 属性组成的 ORE 数据帧。需要用到区域属性 COUNTRY_ID 来执行与我们的客户数据集的连接。

```
> # Combining Data
> # create a subset of the COUNTRIES_V data to primary key and one attribute
> country_regions <- COUNTRIES_V[, c("COUNTRY_ID","COUNTRY_REGION")]
> # Merge the 2 data sets. This will add the COUNTRY_REGION attribute
> # to our countries data set
> customers <- merge(customers, country_regions, by.x="COUNTRY_ID", by.y="COUNTRY_ID")
> head(customers)
```

以下列表是上述代码中的最后一条语句——即 head(customers)——执行后显示内容的一部分。你将看到 COUNTRY_REGION 属性现在是合并数据集的一部分。

```
  CUST_VALID    AGE_BIN  COUNTRY_REGION
1          I      Adult          Europe
2          A      Adult          Europe
3          I  Pensioner          Europe
4          I      Adult          Europe
5          I  Pensioner        Americas
6          A  Pensioner            Asia
...
```

6.5　数据排序

可能对数据执行的最后一个步骤就是对它进行组织，以便按特定顺序列出记录。这可能涉及通过某个特定属性进行排序——例如，当为了进行时间序列分析而排序数据时。对数据进行排序时，可以使用数据集中的任何属性组合，可以指定数据是按升序还是降序排列。

以下代码示例说明了可以对数据执行的一些排序方式：

```
> # Sorting Data
> ?ore.sort
> # Sort the data set by COUNTRY_REGION (in ascending order by default)
> ore.sort(data = customers, by = "COUNTRY_REGION")

> # Sort the data by COUNTRY_REGION in descending order
> ore.sort(data = customers, by = "COUNTRY_REGION", reverse=TRUE)

> # Sort the data set by COUNTRY_REGION and AGE_BIN
> ore.sort(data = customers, by = c("COUNTRY_REGION","AGE_BIN"))

> # Sort the data by COUNTRY_REGION ascending and by CUST_YEAR_OF_BIRTH in descending order
> # You will notices a different way for indicating Descending order. This is to be used
> # when sorting your data using a combination of 2 or more attributes.
> cust_sorted <- ore.sort(data = customers, by = c("COUNTRY_REGION","-CUST_YEAR_OF_BIRTH"))

> # Sorted data is stored in an ORE data frame called 'cust_sorted'
> # This allows you to perform additional data manipulations on the data set
> # The following displays 3 of the attributes from the sorted data set
> head(cust_sorted[,c("AGE_BIN","COUNTRY_REGION","CUST_YEAR_OF_BIRTH")], 20)
```

6.6 小结

探索数据以获得更深入的洞悉是任何数据科学项目中非常重要的一环。此外，还需要以各种方式修改和处理数据。本章探讨了大多数典型的 Oracle R Enterprise 特有的函数并列举了示例，这些示例介绍如何使用这些函数来处理仍然驻留在 Oracle Database 中的数据。你将组合使用这些函数，以及典型的 R 函数，来探索和准备数据，在作为更高级的分析函数和算法的输入准备数据时这样做的意义更大。

第 7 章

使用 ODM 算法建立模型

　　Oracle R Enterprise 和 Oracle Data Mining 一起构成了 Oracle Database Enterprise Edition 的 Oracle Advanced Analytics 选件。Oracle Data Mining 提供了一组内置于 Oracle Database 中的数据挖掘算法。通常是利用 SQL Developer 的 GUI 或者 PL/SQL 软件包和 SQL 函数来访问和使用 Oracle Data Mining 算法。而 Oracle R Enterprise 则通过一组 R 函数使得这些数据库自带的数据挖掘算法对用户可用。这些函数是 R 软件包 OREdm 的一部分，而该软件包又是 Oracle R Enterprise 的一部分。

　　本章将给出有关如何通过 Oracle R Enterprise 的函数集合来使用 Oracle Data Mining 算法的例子，包括如何构建模型，如何测试模型，以及如何利用这些模型来给新获得的数据打分，所有这些例子都使用 R 代码。本章最后一节将讨论如何保存这些数据挖掘模型以便使之在未来的某个时间可以重用。

　　本章中使用的数据集是在利用 SQL Developer 设置和配置 Oracle Data Miner GUI 时就被安装了的示例数据集。设置此示例数据的最快和最简单的方法是在 SQL Developer

中创建一个 Oracle Data Miner 连接。将会创建大量的从 SH 模式中选择数据的数据库视图。也会创建一些包含样本数据的表。当使用 SQL Developer 设置和配置一个 Oracle Data Miner 连接时，会需要 SYS 密码。执行此步骤时，可能需要 Oracle DBA 的帮助。

所有被设置并配置为能使用 Oracle Data Mining 的 Oracle 模式都有必要的数据库特权，可以连接到 Oracle Database 并使用 Oracle R Enterprise。有关为了使用 Oracle R Enterprise，一个模式需要具备什么样的数据库特权的详情，请见第 14 章。

7.1　Oracle Data Mining(Oracle 数据挖掘)

Oracle Advanced Analytics 选件包括 Oracle Data Mining 和 Oracle R Enterprise。Oracle Data Mining 包含一组内置在数据库中的高级数据挖掘算法，可用于对数据进行高级分析。这些数据挖掘算法被集成到 Oracle Database 的内核中并对存储在数据库表中的数据进行本地操作。这便消除了将数据提取或转移到单独的挖掘/分析服务器中的需要，大多数数据挖掘应用程序都典型地需要这样的。这样就通过几乎零数据移动显著减少了数据挖掘项目的时间。

除了在表 7-1 中列出的数据挖掘算法套件外，Oracle 还有多种接口可用来使用这些算法。这些接口包含允许你对新数据进行建模和对新数据应用模型的 PL / SQL 软件包、大量对数据进行实时评分的 SQL 函数以及 Oracle Data Miner 工具，它提供了创建数据挖掘项目的图形化工作流接口。

表 7-1　数据挖掘中可用的数据挖掘算法

数据挖掘技术	数据挖掘算法
异常检测	One-Class Support Vector Machine
关联规则分析	Apriori
属性重要性	Minimum Description Length
分类	Decision Tree
	Generalized Linear Model
	Naive Bayes
	Support Vector Machine
聚类	Expectation Maximization
	k-Means
	Orthogonal Partitioning Clustering
特征提取	Non-Negative Matrix Factorization
	Singular Value Decomposition
	Principal Component Analysis
回归	Generalized Linear Model
	Support Vector Machine

7.1.1　ORE 中可用的 ODM 算法

Oracle R Enterprise 已经披露了大部分 Oracle Data Mining 算法的 API 函数。这些函数以 ore.odm 开头并包括算法的名称或作为其名称的一部分的缩写。

表 7-2 列出了不同的已包含在 OREdm 软件包中的 Oracle Data Mining 算法，该软件包是 Oracle R Enterprise 的一部分。

使用 OREdm 软件包创建的模型和相关的对象是 Oracle Database 中瞬态的或临时的对象，在建立它们的 R 会话结束后就不存在了。如果你希望将模型和对象保存下来以便在以后的某个时间能够重用，就需要显式地将模型和对象保存在一个 ORE datastore 中。本章后面的 "保存数据挖掘模型" 一节列举了一个保存模型的例子。

7.1.2　利用 OREdm 软件包在 Oracle 中进行自动数据准备

对于所有数据挖掘算法来讲，都需要执行一些数据清理和数据转换。这是为数据挖掘算法准备输入数据。

表 7-2　OREdm 软件包中可用的数据库自带的 Oracle Data Mining 算法

ODM 算法	描述
ore.odmAI	采用 Minimum Description Length 算法生成属性重要性
ore.odmAssocRules	利用 Apriori 算法进行关联规则分析
ore.odmDT	采用 Decision Tree 算法创建分类模型
ore.odmGLM	采用 Generalized Linear Model 算法以便要么生成分类模型，要么生成回归模型
ore.odmKMeans	采用 k-Means 算法创建聚类模型
ore.odmNB	采用 Naive Bayes 算法创建分类模型
ore.odmNMF	利用 Non-Negative Matrix Factorization 算法进行特征提取
ore.odmOC	采用 Orthogonal Partitioning Cluster 算法创建聚类模型
ore.odmSVM	采用 Support Vector Machine 算法创建分类或回归模型

有些算法可能需要以特定方式来准备数据。针对 Oracle Database 中的数据挖掘算法，它们是 Oracle Data Mining 的一部分，Oracle 已在数据库中构建了大量必要的过程，并会自动地对数据进行所需的数据转换。这样就减少了为数据挖掘准备数据所需的时间，腾出这个时间让你专注于数据挖掘项目和它的目标。Oracle Data Mining 称这种做法为自动数据准备(ADP)。

在建立模型的过程中，Oracle 会获取每个算法所需的特定数据转换方法，并将它们应用于输入数据。除了这些内建的数据转换外，你还可以用自己的额外转换来补充这些转换，或者可以通过关掉 ADP 来选择自行管理所有转换。

自动数据准备(ADP)关注每种算法的需求和输入数据集，并应用必要的数据转换，这可能包括分块、正规化和异常处理。

表 7-3 总结了针对每种算法的自动数据准备(ADP)。

表 7-3　Oracle Data Mining 算法的自动数据准备

Algorithm 算法	自动数据准备能做的事情
Apriori	不执行 ADP 转换
Decision Tree	决策树算法确定哪种 ADP 数据转换是必要的
GLM	利用异常值敏感的归一化方法对数值属性进行归一化
k-Means	利用异常值敏感的归一化方法对数值属性进行归一化
MDL	利用有监督的分块法对所有属性进行分块
Naive Bayes	利用有监督的分块法对所有属性进行分块
NMF	利用异常值敏感的归一化方法对数值属性进行归一化
O-Cluster	利用等宽分块这种特殊的分块方法对数值属性进行分块,自动计算每个属性的分块数。所有为空值或仅有一个单一值的数值列都会被删除
Support Vector Machines	利用异常值敏感的归一化方法对数值属性进行归一化

当使用 Oracle R Enterprise 的函数调用 Oracle Data Mining 算法时,需要设置一个名为 auto.data.prep 的参数。在大多数函数调用时,这个参数通常被设置为默认值 TRUE。其他情况则设置为 FALSE。你需要针对每个 Oracle Data Mining 函数检查和验证这个 auto.data.prep 参数。

7.2　使用 OREdm 软件包建立模型和对数据进行评分

作为 Oracle R Enterprise 的一部分,R 软件包 OREdm 提供了一系列函数,允许你使用数据库自带的 Oracle Data Mining 算法。这些数据库自带的算法内置到 Oracle Database 的内核中,并利用数据库所有的性能和可伸缩特性。

通过使用 Oracle R Enterprise,大多数 Oracle Data Mining 算法都是可通过 R 函数被使用的。本节给出了使用这些算法来探索数据、构建模型、测试模型和利用这些模型对新数据进行打分的示例。

7.2.1　属性重要性

ore.odmAI 函数可用于确定属性重要性。它使用数据库自带的最小描述长度(MDL)算法确定每个属性相对于某个确定的目标属性的重要性。属性重要性可用于探索数据,通常在探索数据分析和降维过程中使用。根据属性在预测目标属性时的重要性对它们进行分级。具有正值的任何属性最有意义。任何具有负值或零值的属性都表示它与目标属性没有任何关系。

这是 ore.odmAI 函数的语法:

```
> ore.odmAI (formula,
        data,
        auto.data.prep = TRUE,
        na.action=na.pass)
```

ore.odmAI 函数有两个核心参数。第一个参数是用于识别目标属性并指定将要使用什么属性的公式。第二个参数是一个数据集，它是一个 ore.frame，指向 Oracle 模式中包含要分析的数据的表或视图。下面的示例说明如何在 oracle 模式的一个视图上使用 ore.odmAI 函数和该函数生成的输出：

```
> # Attribute Importance
> ?ore.odmAI()
> ore.odmAI(AFFINITY_CARD ~., MINING_DATA_BUILD_V)

 Call: ore.odmAI(formula = AFFINITY_CARD ~ ., data = MINING_DATA_BUILD_V)
 Importance:             importance rank
 HOUSEHOLD_SIZE          0.15894540    1
 CUST_MARITAL_STATUS     0.15816584    2
 YRS_RESIDENCE           0.09405210    3
 EDUCATION               0.08626079    4
 AGE                     0.08490351    5
 OCCUPATION              0.07520934    6
 Y_BOX_GAMES             0.06303995    7
 HOME_THEATER_PACKAGE    0.05645872    8
 CUST_GENDER             0.03526474    9
 BOOKKEEPING_APPLICATION 0.01920475   10
 CUST_ID                 0.00000000   11
 COUNTRY_NAME            0.00000000   11
 CUST_INCOME_LEVEL       0.00000000   11
 BULK_PACK_DISKETTES     0.00000000   11
 FLAT_PANEL_MONITOR      0.00000000   11
 PRINTER_SUPPLIES        0.00000000   11
 OS_DOC_SET_KANJI        0.00000000   11
```

当检查 ore.odmAI 函数产生的输出时，能看到所列出的最后七个属性的重要性值都为 0 且有相同的级别。数据集中的这些属性可以忽略，因为基于 MDL 算法，它们对于预测目标属性没有贡献。作为我们特征缩减练习的一部分，使用这个函数和算法可帮助用户快速探索数据。

ore.odmAI 函数还有两个附加参数。第一个是 auto.data.prep。它使用作为 Oracle Advanced Analytics 选件一部分的 Automatic Data Preparation(ADP)特性，该特性已在本章前面讨论过。将该参数保留为默认的 TRUE 是明智的。第二个附加参数是 na.action，用于指明如何处理丢失的数据。默认值是 na.pass，这允许将缺失值包含在数据集中。如果将这个参数设置为 na.omit，则将在执行 ore.odmAI 时，从数据集中删除有缺失值的行。

ore.odmAI 函数和底层的 MDL 算法只用于探索数据集。它们并不生成模型，其结果也不能在另一个数据集上重用。

7.2.2　关联规则分析

关联规则分析是一种在数据中寻找频繁项集合的非监督数据挖掘技术。这种数据挖掘技术经常供零售店用来发现哪些产品经常一起被购买。一个传统的用于说明关联规则分析的例子是面包和牛奶，它们是两种通常在杂货店中被一起购买的产品。如上所述，这类数据挖掘在零售部门很常见，有时也被称为市场篮子分析(Market Basket Analysis)。

通过分析以前客户购买了什么产品，我们便可以向新客户提示他们可能感兴趣的产品。例如，每次你查看某个产品时(例如在图书网站上查看一本数据挖掘的书)，除了你所查看的产品之外，还会给你提供一个以前客户购买的其他产品的列表。利用关联规则分析，你能够开始回答有关你的数据和存在于数据中的模式的问题了。

对于关联规则分析，可使用 ore.odmAssocRules 函数。此函数使用内建于 Oracle Database 中作为 Oracle Advanced Analytics 选件的一部分的 Apriori 算法。ore.odmAssocRules 函数具有以下语法和默认值：

```
> ore.odmAssocRules(formula,
      data,
      case.id.column,
      item.id.column = NULL,
      item.value.column = NULL,
      min.support = 0.1,
      min.confidence = 0.1,
      max.rule.length = 4,
      na.action = na.pass)
```

用于关联规则分析的数据集需要由事务记录组成，算法将检查各项(或是下面的示例中的"产品")共同出现的情形。首先，需要构造输入数据集。这是通过在事务数据上创建一个视图，再创建一个单独的属性作为每个记录和产品名称的标识符来完成的。然后将这一信息以及表示支持度与置信度(Support and Confidence)度量的值传递给 ore.odmAssocRules 函数。可能需要花些时间来调整这些度量值。如果把它们设置得太高，会得到太少或者根本没有产生关联规则，而如果设置得太低，则最终会得到太多规则。下面的代码示例演示了针对来自 SH 模式的数据生成的关联规则分析模型：

```
> # Association Rule Analysis
> ?ore.odmAssocRules()
> # Build an Association Rules model using ore.odmAssocRules
> ore.exec("CREATE OR REPLACE VIEW AR_TRANSACTIONS
    AS
    SELECT s.cust_id || s.time_id  case_id,
          p.prod_name
    FROM    sh.sales s,
          sh.products p
    WHERE s.prod_id = p.prod_id")
> # You need to sync the meta data for the newly created view to be visible in
> #  your ORE session
> ore.sync()
> ore.ls()
> # List the attributes of the AR_TRANSACTION view names(AR_TRANSACTIONS)
> # Generate the Association Rules model
> ARmodel <- ore.odmAssocRules(~., AR_TRANSACTIONS, case.id.column = "CASE_ID",
        item.id.column = "PROD_NAME", min.support = 0.06, min.confidence = 0.1)
> # List the various pieces of information that is part of the model
> names(ARmodel)
> # List all the information about the model summary(ARmodel).
> summary(ARmodel)
> # To examine the individual elements of the model
```

```
> ARmodel$name
> ARmodel$settings
> ARmodel$attributes
> ARmodel$inputType
> ARmodel$formula
> ARmodel$extRef
> ARmodel$call
```

在设置 ore.odmAssoRrules 函数的参数时，要小心选择 min.support 和 min.confidence 的值。这两个值的默认值都是 0.1。可能需要用不同的值，特别是 min.support 的值，多次运行 ore.odmAssocRules 函数。min.support 的值越高，产生的关联规则数越少。同样，min.support 的值越低，所产生的关联规则数量越大。在本例中，将 min.support 设置为 0.06，低于默认值。依这个设置，关联规则分析模型产生了 42 条规则，这些都是与为 min.support 和 min.confidence 设置的值相匹配的顶级的关联规则。根据你想为自己的场景产生多少关联规则，可能需要多次运行 ore.odmAssocRules 函数，每次运行都要调整这些值，直到产生出接近你进行分析时所需的关联规则数为止。

下面显示了关联规则分析模型的输出和当使用 summary 函数时 ore.odmAssocRules 对象的内容：

```
> summary(ARmodel)
Call:
ore.odmAssocRules(formula = ~., data = AR_TRANSACTIONS, case.id.column = "CASE_ID",
        item.id.column = "PROD_NAME", min.support = 0.06, min.confidence = 0.1)


Settings:
                          value
asso.min.confidence         0.1
asso.min.support           0.06
odms.item.id.column.name  prod.name
prep.auto                   off
```

Rules:

RULE_ID	NUMBER_OF_ITEMS	LHS	RHS	SUPPORT	CONFIDENCE
1	38	2	CD-RW, High Speed Pack of 5	CD-R with Jewel Cases, pACK OF 12	0.06122021 0.9064860
2	38	2 CD-R, Professional Grade, Pack of 10	CD-R with Jewel Cases, pACK OF 12	0.06122021 0.9064860
3	37	2	CD-R with Jewel Cases, pACK OF 12	CD-RW, High Speed Pack of 5	0.06122021 0.8566820
4	37	2 CD-R, Professional Grade, Pack of 10	CD-RW, High Speed Pack of 5	0.06122021 0.8566820
5	39	2	CD-RW, High Speed Pack of 5	CD-R, Professional Grade, Pack of 10	0.06122021 0.8412211
6	39	2	CD-R with Jewel Cases, pACK OF 12	CD-R, Professional Grade, Pack of 10	0.06122021 0.8412211
7	10	1	Music CD-R	CD-R with Jewel Cases, pACK OF 12	0.06349073 0.8407031
8	26	1	O/S Documentation Set - French	O/S Documentation Set - English	0.06028406 0.8379297
9	27	1 CD-R, Professional Grade, Pack of 10	CD-R with Jewel Cases, pACK OF 12	0.07146201 0.8279909
10	22	1	CD-RW, High Speed Pack of 5	CD-R with Jewel Cases, pACK OF 12	0.07277541 0.8268773

...

在使用这些数据库自带的数据挖掘模型时，可以将其结果提取到本地的 R 客户端环境中。这便允许你使用一些现有的可用软件包来检查数据。例如，对于前面创建的关联规则分析模型，可从该模型的 ore.rules 对象中提取关联规则以及从该模型的 ore.itemsets

对象中提取项目集合。这些对象是由该模型生成的，它们使用其他 R 软件包中可用的功能来更详细地检查和分析这些数据。下面的示例说明了如何使用 R 软件包 arules 中的一些可用函数来检查关联规则和项目集合：

```
> library(arules)
> # Extract the Association Rules to local client and inspect the rules
> local_ARrules <- ore.pull(rules(ARmodel))
> inspect(local_ARrules)
> # extract a subset of the Association Rules
> rules1 <- subset(rules(ARmodel), min.confidence=0.7, orderby="lift")
> rules1

> # Extract the Itemsets to local client and inspect
> local_ARitemsets <- ore.pull(itemsets(ARmodel))
> inspect(local_ARitemsets)
> # extract a subset of the itemsets
> itemsets1 <- subset(itemsets(ARmodel), min.support=0.12)
> itemsets1
```

7.2.3　决策树

决策树是一种非常流行的建立处理分类型(classification-type)问题的模型的技术。分类是一种有监督的数据挖掘技术，它采用被预先标记了的数据的数据集，并使用确定的算法建立分类模型。预标记的数据的集合称为训练数据集，它由我们已经知道结果的数据组成。例如，如果我们想进行一个客户流失分析，我们需要获得所有到某一日期为止已注册的客户。可以编写一些代码很容易地确定哪些仍然是客户(也就是说，他们仍然是活跃的)和哪些不再活跃(也就是说，他们已经离开)。我们将为每个客户创建一个新属性；这个属性通常称为目标属性。正是这个包含了标签(0 或 1)的目标变量被分类算法用于构建模型。然后，可以使用这些模型中的一个来给一组新客户打分，并确定哪些可能留下来，哪些将离开(流失)。通常用以下方式引用这个过程：

我们用从过去学得的经验来预测未来。

Oracle R Enterprise 中有许多可用于分类问题的算法。本节中的例子说明如何使用 ore.odmDT 函数建立一个决策树的数据挖掘模型。

建立分类数据挖掘模型的第一步是为数据挖掘算法准备输入数据。这可能需要将来自不同来源的数据集成在一起、对数据进行各种转换、决定如何处理丢失的数据、生成附加的属性等。准备好数据后，就可以将其输入到数据挖掘算法中了。下面的代码示例使用 DATA_MINING_BUILD_V 和 DATA_MINING_APPLY_V 视图对象，它们是 Oracle Data Mining 样本数据的一部分。

对于决策树，可以使用 ore.odmDT 函数。该函数利用内建于 Oracle Database 中的数据库自带的决策树算法。ore.odmDT 函数有以下语法和默认值：

```
> ore.odmDT(formula,
            data,
            auto.data.prep = TRUE,
```

```
cost.matrix = NULL,
impurity.metric = "gini",
max.depth = 7,
min.rec.split = 20,
min.pct.split = 0.1,
min.rec.node = 10,
min.pct.node = 0.05,
na.action = na.pass)
```

　　正如前面提到的，需要两个不同的数据集。其中之一将用于构建或训练决策树模型，另一个数据集用于测试决策树模型。第 6 章介绍了数据采样，下面的例子使用了第 6 章所示的分割抽样技术来创建训练和测试数据集：

```
> # Create the Training and Test data sets using Split Sampling
> full_dataset <- MINING_DATA_BUILD_V
> # add row indexing to the data frame
> row.names(full_dataset) <- full_dataset$CUST_ID
> # Set the sample size to be 40% of the full data set
> #    The Testing data set will have 40% of the records
> #    The Training data set will have 60% of the records
> SampleSize <- nrow(full_dataset)*0.40
> # Create an index of records for the Sample
> Index_Sample <- sample(1:nrow(full_dataset), SampleSize)
> group <- as.integer(1:nrow(full_dataset) %in% Index_Sample)
> # Create a partitioned data set of those records not selected to be in sample
> Training_Sample <- full_dataset[group==FALSE,]
> # Create partitioned data set of records who were selected to be in the sample
> Testing_Sample <- full_dataset[group==TRUE,]
> # Check the number of records in each data set
> nrow(Training_Sample)
> nrow(Testing_Sample)
> nrow(full_dataset)
```

重要提示

　　使用由上述代码所创建的训练和测试数据集，本章其他各节涵盖了各种数据分类技术，包括决策树、支持向量机、朴素贝叶斯和广义线性模型。

　　创建数据集后，就可以使用 ore.odmDT 函数利用训练数据集来构建决策树模型了：

```
> # Build a Decision Tree model using ore.odmDT
> DTmodel <- ore.odmDT(AFFINITY_CARD ~., Training_Sample)
> class(DTmodel)
> names(DTmodel)
> summary(DTmodel)
```

　　此示例假定你要使用某些参数的默认值。这里显示的参数是公式和数据参数。对于公式参数，需要指定目标属性，然后列出数据集中要包含在分析中的所有其他属性。在我们的示例中，大多数情况下，要将所有属性都提供给算法。在前面的例子中，这是用~

来说明的。数据参数接受包含数据集的 ore.frame 对象。

summary(DTmodel)的输出未显示出来,因为它将占用很多页。当运行上述代码并检查由 summary(DTmodel)生成的输出时,将能看到一些 Decision Tree 属性,包括构成决策树的各个节点。

下一步是对测试数据集使用此决策树模型。这样做是要了解在目标属性的值已知的情况下,模型对未知数据集执行的情况如何。可以使用此步骤的结果来度量模型的性能或准确性。以下示例说明了上一个示例中创建的 DTmodel 是如何应用于测试数据集的。最后一部分产生一个混淆矩阵,以便让我们看到 DTmodel 在预测目标值方面的表现有多么好。

```
> # Test the Decision Tree model
> DTtest <- predict(DTmodel, Testing_Sample)
> # Generate the confusion Matrix
> with(DTtest, table(AFFINITY_CARD, PREDICTION))

                  PREDICTION
    AFFINITY_CARD     0    1
                0   426   27
                1    81   66
```

预测函数使用模型的名称、要评分的数据集以及目标属性的名称。与通过 predict 函数对测试数据集进行评分的方法类似,可以使用 predict 函数对任何新的数据集或记录进行评分以便对目标值进行预测。以下示例采用名为 MINING_DATA_ APPLY_V 的新数据集并预测一个 AFFINITY_CARD 值和一个预测概率值。然后将 Apply 数据集和预测结果合并成名为 DTapplyResults 的集成数据集。

```
> # Apply the Decision Tree model to new data
> #  Add row indexing for the data frame
> row.names(MINING_DATA_APPLY_V) <- MINING_DATA_APPLY_V$CUST_ID
> # Score the new data with Decision Tree model
> DTapply <- predict(DTmodel, MINING_DATA_APPLY_V)
> # Combine the Apply data set with the Predicted values
> DTapplyResults <- cbind(MINING_DATA_APPLY_V, DTapply)
> head(DTapplyResults)
```

作为在本示例中使用的 cbind 函数的替代方法,可以在预测函数中使用 supplemental.cols 参数。随着数据集大小的增加,在生成打过分的数据集时,使用此特性将变得非常有利。以下示例说明了这种替代 cbind()函数的方法:

```
> # alternative approach using the supplemental.cols
> DTapply2 <- predict(DTmodel, newdata=MINING_DATA_APPLY_V,
                      supplemental.cols=c("CUST_ID", "CUST_GENDER", "AGE"))
> head(DTapply2,8)
```

7.2.4 支持向量机

支持向量机(SVM)是一种常用的机器学习技术,典型地用于分类(二元和多类)和回归。Oracle 已经实现了数据库自带的一类 SVM 算法，可以进行异常检测。本节给出了如何构建和应用支持向量机进行分类、回归和异常检测的示例。

支持向量机通过在高维空间中创建一个超平面(或超平面的集合)来进行工作。对于分类，将使用一个能提供数据对象间最大间隔的超平面。对于回归，支持向量机将试图寻找一个函数，能使数据点的最大数量处于不敏感类型的 epsilon 范围内。对于异常检测，支持向量机假定了一个单独的类，并且将试图识别数据集中异常或稍微不同的情况。

对于支持向量机，可以使用 ore.odmSVM 函数。此函数使用内建在 Oracle Database 中的数据库自带的支持向量机算法。ore.odmSVM 函数具有以下语法和默认值：

```
> ore.odmSVM(formula,
        data,
        type,
        auto.data.prep = TRUE,
        class.priors = NULL,
        active.learning = TRUE,
        complexity.factor = "system.determined",
        conv.tolerance = 0.0001,
        epsilon = "system.determined",
        cache.size = 50000000,
        kernel.function = "system.determined",
        std.dev = "system.determined",
        outlier.rate = 0.1,
        na.action = na.pass)
```

以下各节将说明如何使用 ore.odmSVM 函数进行分类、回归和异常检测。其中使用的数据集是 Oracle Data Mining 的样本数据集。

1. 使用 ore.odmSVM 进行分类

在本节中，ore.odmSVM 函数通过使用数据库自带的支持向量机算法构建用于分类的支持向量机模型。

以下示例中用于创建训练和测试数据集的示例代码已在本章的"决策树"一节中创建了。以下示例构建支持向量机分类模型(type ="classification")，测试模型，并创建混淆矩阵：

```
> # Support Vector Machine - Classification
> ?ore.odmSVM
> # Build the Support Vector Machine mode
> SVMmodel <- ore.odmSVM(AFFINITY_CARD ~., Training_Sample, type="classification")
> class(SVMmodel)
> names(SVMmodel)
 [1] "name"      "settings"  "attributes" "fit.values" "residuals"  "formula"
     "extRef"    "call"

> summary(SVMmodel)

 Call:
 ore.odmSVM(formula = AFFINITY_CARD ~ ., data = Training_Sample,
```

```
      type = "classification")
Settings:
                         Value
prep.auto                   on
active.learning      al.enable
complexity.factor    1.099266
conv.tolerance           1e-04
kernel.cache.size     50000000
kernel.function       gaussian
std.dev               2.510129

Coefficients:  [1]
No coefficients with gaussian kernel

> # Test the Support Vector Machine model
> SVMtest <- predict(SVMmodel, Testing_Sample, "AFFINITY_CARD")
> # Generate the confusion Matrix
> with(SVMtest, table(AFFINITY_CARD, PREDICTION))

              PREDICTION
 AFFINITY_CARD   0   1
             0 411  42
             1  55  92
```

如果比较分别由决策树模型和支持向量机模型生成的混淆矩阵的结果，就会注意到一些差异——特别是一个目标属性的值。你需要仔细评估这些结果，结合其他分类算法的结果，以确定应该对新数据使用哪个模型。在构建和测试 SVM 模型后，下一步将其应用于新数据。同样，这里的代码与以前显示的代码非常相似。

```
> # Apply the Support Vector Machine model to new data
> #  Add row indexing to the data frame
> row.names(MINING_DATA_APPLY_V) <- MINING_DATA_APPLY_V$CUST_ID
> # Score the new data with Support Vector Machine model
> SVMapply <- predict(SVMmodel, newdata=MINING_DATA_APPLY_V,
                supplemental.cols=c("CUST_ID", "CUST_GENDER", "AGE"))
> head(SVMapply)
```

2. 使用 ore.odmSVM 进行回归

对于回归类型的问题，ore.odmSVM 函数允许你指定用于该算法的内核类型。默认设置是 system.determined，这允许算法确定将要使用的正确内核设置类型。或者，如果你喜欢使用某个内核类型，可指定 linear 或 gaussian。

以下示例说明了如何使用 SVM 和 INSUR_CUST_LTV_SAMPLE 数据集构建和应用回归模型。使用回归预测是要试图预测一些连续值属性的值。

一个此类的例子是计算客户的寿命值(LTV)。和典型的分类问题一样，通过回归预测可以得到一个数据集，其中 LTV 值已经确定。可使用一个包含每个客户的许多属性的数据集，并将该数据集输入到回归算法。然后，回归算法将计算出这些属性及其所含的值是如何对 LTV 属性中的值做出贡献的。

```
> # Support Vector Machines - Regression
> # Build regression model using SVM - shows how to exclude an attribute
> SVMmodelReg <- ore.odmSVM(LTV ~. -LTV_BIN, INSUR_CUST_LTV_SAMPLE,
                            type="regression")
> class(SVMmodelReg)
> names(SVMmodelReg)
> summary(SVMmodelReg)
> SVMmodelReg$attributes

> # Apply the SVM Regression model to new data
> # Add row indexing to the data frame
> row.names(INSUR_CUST_LTV_SAMPLE) <- INSUR_CUST_LTV_SAMPLE$CUSTOMER_ID
> # Score the data
> LTVapply <- predict(SVMmodelReg, newdata=INSUR_CUST_LTV_SAMPLE,
                      supplemental.cols=c("CUSTOMER_ID", "STATE", "SEX", "AGE"))
> head(LTVapply)
```

由于 LTV_BIN 属性与 LTV 属性高度相关，所以将 LTV_BIN 属性从输入数据集中排除了，因为 LTV_BIN 是基于 LTV 中的值创建的。

3. 使用 ore.odmSVM 进行异常检测

可以使用 ore.odmSVM 函数与底层数据库自带的 SVM 算法进行异常检测。异常检测是用一类支持向量机实现的。对于异常检测，需要使用一种不同的方法对数据进行建模。通过这种方法，异常检测算法将数据作为一个单元(即一个单独的类)进行检查。然后它识别这些案例记录的核心特征和预期行为。你需要把此模型应用于同一个记录集合，它会对数据进行标记(或打分)，指明每条案例记录与核心特征和期望行为有多么相似或不相似。然后，可使用这些信息来确定哪些案例记录(即异常记录)值得进一步调查。

当异常检测模型应用于数据时，它将用预测和预测概率分数对数据进行标记。如果预测为 1，则案例记录被认为是典型的。如果预测为 0(零)，则案例记录被认为是异常的。

下例使用一个可在 Oracle Data Mining 的 Web 页面和 Oracle Data Mining 的博客 (http://tinyurl.com/j5adoeg)上得到的数据集来展示异常检测。

为使支持向量机算法能执行异常检测，需要将 type 参数设置为 anomaly.detection。另一个可能需要调整的参数是 outlier.rate。此参数的默认值是 0.1(或 10%)。大多数情况下，这个值太高了，应将其调整到最适合特定场景的值。在下面的示例中，异常率被更改为 0.02(或 2%)：

```
> # Anomaly Detection using 1-Class Support Vector Machines
> # Add row indexing to the data frame
> row.names(CLAIMS) <- CLAIMS$POLICYNUMBER
> # Build the 1-Class SVM model
> ADmodel <- ore.odmSVM(~. -POLICYNUMBER , CLAIMS, type="anomaly.detection"
                        , outlier.rate=0.02))
> class(ADmodel)
> names(ADmodel)
> summary(ADmodel)
```

```
> # Apply model to identify the anomalous records
> ADresults <- predict(ADmodel, CLAIMS, supplemental.cols="POLICYNUMBER")
> head(ADresults)

        '1'        '0'   POLICYNUMBER  PREDICTION
1   0.4054306  0.5945694            1           0
29  0.5208329  0.4791671           29           1
53  0.4906889  0.5093111           53           0
54  0.5529315  0.4470685           54           1
80  0.5162816  0.4837184           80           1
95  0.5433542  0.4566458           95           1
```

然后，可使用这个结果数据集来关注异常记录。用 **PREDICTION** 变量值为 0 所标记的记录被认为是不正常的。另外会得到一个预测概率分数。可以利用该变量中的值基于预测概率值对已识别的异常记录进行分级。预测概率越高，记录异常的可能性越大。可以使用这些值来决定分析师应首先关注的记录。

7.2.5　朴素贝叶斯

对于朴素贝叶斯模型，可使用 ore.odmNB 函数。此函数使用内建于 Oracle Database 中的数据库自带的朴素贝叶斯算法。朴素贝叶斯算法基于条件概率。它使用贝叶斯定理，该定理是通过计算历史数据中的值和值组合的频率来计算概率的公式。贝叶斯定理根据已经发生的另一个事件的概率来发现某个事件发生的概率。

以下示例说明如何构建和测试朴素贝叶斯模型。在以下示例中使用的用于创建训练和测试数据集的示例代码是在本章的"决策树"一节中创建的。

```
> # Build the Naive Bayes model
> NBmodel <- ore.odmNB(AFFINITY_CARD ~., Training_Sample)
> class(NBmodel)
> names(NBmodel)
> summary(NBmodel)

> # Test the Naïve Bayes model
> NBtest <- predict(NBmodel, Testing_Sample, "AFFINITY_CARD")
> # Generate the confusion Matrix
> with(NBtest, table(AFFINITY_CARD, PREDICTION))

               PREDICTION
AFFINITY_CARD    0    1
            0  363   85
            1   33  119
```

以下示例代码说明了如何使用这个朴素贝叶斯模型来评分或标注新数据。以下代码遵循与先前算法相同的过程对数据进行打分，并使用与先前算法相同的评分数据集。

```
> # Apply the Naive Bayes model to new data
> #  Add row indexing to the data frame
> row.names(MINING_DATA_APPLY_V) <- MINING_DATA_APPLY_V$CUST_ID
> # Score the new data with Naive Bayes model
> NBapply <- predict(NBmodel, MINING_DATA_APPLY_V,
```

```
                        supplemental.cols=c("CUST_ID", "CUST_GENDER", "AGE"))
> head(NBapply)
```

7.2.6　广义线性模型

对于广义线性模型(GLM)，可以使用 ore.odmGLM 函数。这个函数使用内建于 Oracle Database 中的数据库自带的 GLM 算法。GLM 可用于分类和回归。对于分类，GLM 算法支持二元逻辑回归。对于回归问题，GLM 算法使用(高斯)线性回归，并假定在目标值的范围内没有目标转换和常数方差。下面的例子说明了如何为分类建立一个广义线性模型，还演示了你希望算法考虑的个别属性的列表。当想使用可用属性集合的一个子集时，可以使用此方法。

```
> # Generalized Linear Model (GLM) - Classification
> ?ore.odmGLM
> Training_Sample$AFFINITY_CARD <- as.factor(Training_Sample$AFFINITY_CARD)
> # Build the Generalized Linear Model
> GLMmodel <- ore.odmGLM(AFFINITY_CARD ~ CUST_GENDER+AGE+COUNTRY_NAME
                         +CUST_INCOME_LEVEL+EDUCATION+HOUSEHOLD_SIZE
                         +YRS_RESIDENCE+FLAT_PANEL_MONITOR+HOME_THEATER_PACKAGE
                         +Y_BOX_GAMES+OS_DOC_SET_KANJI,
                 data=Training_Sample, auto.data.prep=TRUE, type="logistic")
> class(GLMmodel)
> names(GLMmodel)
> summary(GLMmodel)
> GLMmodel
```

这个例子说明了如何使用 GLM 算法进行分类。也可以使用 GLM 算法进行回归。在上一节有关使用支持向量机算法的内容中，给出了一个有关预测客户潜在寿命值(LTV)的例子。下面的例子利用数据库自带的 GLM 算法进行了同样的 LTV 预测。

```
> # Build regression model using Generalized Linear Model
> GLMmodelReg <- ore.odmGLM(LTV ~ REGION+SEX+PROFESSION+AGE+HAS_CHILDREN+SALARY+
HOUSE_OWNERSHIP+MARITAL_STATUS,
                           data=INSUR_CUST_LTV_SAMPLE, type="normal")
> class(GLMmodelReg)
> names(GLMmodelReg)
> summary(GLMmodelReg)
> GLMmodelReg

> # Apply the Generalized Linear Model-Regression model to new data
> #  Add row indexing to the data frame
> row.names(INSUR_CUST_LTV_SAMPLE) <- INSUR_CUST_LTV_SAMPLE$CUSTOMER_ID
> # Score the data
> GLMapplyReg <- predict(GLMmodelReg, INSUR_CUST_LTV_SAMPLE, supplemental.
cols=c("CUSTOMER_ID", "STATE", "SEX", "AGE","LTV"))
> head(GLMapplyReg[,c("LTV", "PREDICTION")])
> # Calculate the difference between predicted and actual values
> GLMapplyReg$difference <- GLMapplyReg$PREDICTION - GLMapplyReg$LTV
> GLMapplyReg$percent_diff <- (GLMapplyReg$difference/GLMapplyReg$LTV)*100
```

```
> # Display subset of attributes and compare results
> head(GLMapplyReg[,c("LTV", "PREDICTION", "difference", "percent_diff")])

              LTV PREDICTION   difference percent_diff
CU100    24891.25   22279.20   -2612.0488  -10.4938435
CU10006  23638.50   23874.16     235.6568    0.9969193
CU10011  35600.50   33320.06   -2280.4421   -6.4056462
CU10012  26070.00   28683.75    2613.7493   10.0258891
CU10020  25092.75   22525.37   -2567.3775  -10.2315511
CU10025  27149.00   29228.10    2079.1004    7.6581104
```

　　本节给出了例子，说明如何通过 ore.odmGLM 函数使用数据库自带的 GLM 算法进行分类和回归。

7.2.7　聚类

　　Oracle R Enterprise 公开了两种 ODM 的数据库自带的聚类算法。这些是使用数据库自带的 k-Means 算法的 ore.odmKMeans 聚类函数和使用数据库自带的正交分区聚类(或 O-Cluster)算法的 ore.odmOC 函数。聚类是用于无监督数据挖掘的技术之一。

　　聚类是将数据分解成更小的相关子集的过程。这些子集中的每一个都被称为一个聚类。在每个聚类内部，数据彼此相似并且与其他聚类中的数据不同。聚类是一种非常有用的用于探索数据以便发现其中是否存在任何聚类的方法。通常，聚类会与作为数据科学项目的一部分的其他数据挖掘算法结合使用。

　　数据库自带的 k-Means 算法是一个典型 k-Means 算法的增强版本。Oracle Data Mining 以层次方式构建模型，采用自顶向下的方式对所有终端节点进行二元分割和求精。树一次生成一个节点。具有最大方差的节点被分割以增加树的大小，直到达到所需数量的聚类为止。随着算法的不断进行，会产生指定数量的聚类数。要生成的聚类的数量是要作为算法参数的一部分来设置的。O-Cluster 算法使用一种基于密度的距离度量(density-based distance measure)，可以处理任意大小但属性数量不多的数据集，并能产生用户指定数量的聚类。

　　以下示例代码说明了如何使用 ore.odmKMeans 函数通过数据库自带的算法来构建 k-Means 模型。示例更改了该算法的两个默认值。第一个是 num.centers 参数。这定义了你要在模型中创建多少个聚类。默认值为 10，但你可能会调整此值以找到最佳聚类数。默认值被改变的第二个参数是 iterations 参数。其默认值为 3。为此参数设置的值决定了你希望 k-Means 算法执行的迭代次数。数字越大，算法所用的时间越长。最大迭代次数为 20。

```
> # Building a Cluster Model
> #  k-Means
> ?ore.odmKMeans()
> # Build a k-Means model for the INSUR_CUST_LTV_SAMPLE
> #  Default num.centers=10
> KMmodel <- ore.odmKMeans(~. -CUSTOMER_ID, data=INSUR_CUST_LTV_SAMPLE,
num.centers=5, iterations=5)
> Kmmodel
> summary(KMmodel)
```

可使用前一个示例中所示的 summary 函数来检查属性和这些属性的值，这些属性定义了每个聚类的质心(centroid)。然后可以使用这些信息以及你的领域知识给每个聚类制定并添加业务含义或描述。

构建了一个满意的 k-Means 聚类模型后，就可以用它来对数据进行评分或标记了。在下面的示例中，为便于说明，我们重用相同的数据集：

```
> # Predict what cluster a record belongs too.
> KMapply <- predict(KMmodel, newdata=INSUR_CUST_LTV_SAMPLE,
                 supplemental.cols=c("CUSTOMER_ID", "STATE", "SEX", "AGE","LTV"))
> head(KMapply)
```

数据集(此处是 KMapply)将包含每条记录都与之最密切相关聚类的标识符。

当使用聚类作为分类的前提时，可使用预测后的聚类标识符作为划分数据集的方式，然后对每组聚类后的记录执行单独分类。

Oracle R Enterprise 中可用的第二个数据库自带的聚类算法是 O-Cluster 算法。此算法是通过 ore.odmOC 函数来使用的。O-Cluster 是一种正交分割聚类方法，创建分层的基于网格的聚类模型。该算法使用一种轴平行的一维数据投影来识别密度区域。该算法试图发现可产生不同的、不重叠且大小平衡的聚类的聚类分割点。O-Cluster 算法递归执行，生成一种层次结构。所得到的聚类定义了密集区域。该算法将自动确定所生成的聚类的数量，直到一个确定的极限。O-Cluster 算法使用一种基于网格的方法，适用于有 500 多种案例的数据集，具有很多属性并能自动确定数据集中聚类的数量。

下面的代码示例说明了 O-Cluster 算法的用法，所用的数据集与在说明 k-Means 时所用的相同。本示例还要求生成 5 个聚类，而不是默认的 10 个聚类。

```
> #  O-Cluster
> ?ore.odmOC()
> # Build an O-Cluster model for the INSUR_CUST_LTV_SAMPLE
> #  Default num.centers=10
> OCmodel <- ore.odmKMeans(~. -CUSTOMER_ID, data=INSUR_CUST_LTV_SAMPLE,
                      num.centers=5)
> OCmodel
> summary(OCmodel)

> # Predict what cluster a record belongs too.
> OCapply <- predict(OCmodel, newdata=INSUR_CUST_LTV_SAMPLE,
                 supplemental.cols=c("CUSTOMER_ID", "STATE", "SEX", "AGE","LTV"))
> head(OCapply)
```

本节给出了说明如何使用数据库聚类算法，即使用 ore.odmKmeans 和 ore.odmOC 函数，来执行聚类的示例。

7.3　保存数据挖掘模型

本章展示了如何使用各种 OREdm 软件包的函数来调用和使用数据库自带的数据挖掘算法。我们所创建的数据集和数据挖掘模型是 Oracle Database 中临时的瞬态对象。

当断开到 Oracle Database 的 ORE 会话时，这些对象将不再存在于数据库中的模式中。这意味着下次想使用这些对象时，必须重新运行代码来生成它们。这不是你想在数据科学项目上重复做的事情。另外，你也不能与团队中的其他人共享这些临时对象。此外，如果你必须重新运行代码以重新生成这些对象，而且你有大量数据，则可能需要很多时间。

如何克服这个问题？如何保存这些对象以供后面使用？

对于任何 ORE 数据帧，可使用 ore.create 函数将这些对象作为表格存储在 Oracle Database 中的模式中。这样，便可以在后面的某个时刻轻松地访问数据，还可与数据科学团队的其他成员共享此数据。然而，这也意味着你的模式可能充斥着大量包含不同数据集的表。

回到第 3 章，我举出了如何将对象存储在 ORE datastore 中的例子。这可能是保存 ORE 数据帧的更好选择。此外，可以使用一个 ORE datastore 来存储在 ORE 会话持续期间创建的各种数据模型。通过这样做，就可以从 ORE datastore 中重新加载这些对象而不再需要重新运行代码来重新生成这些对象。

第 3 章在演示如何使用 ORE datastore 时，我还提到可以创建许多 ORE datastore。可以在模式中创建数以百计的 datastore。这允许你将项目或子项目的对象分组存到各个 ORE datastore 中，这是组织工作的非常有用的方法，因为你仅对每个项目的对象进行分组并存储到其各自的 ORE datastore 中。

本章前面给出了如何使用 ore.odmDT 函数创建一个决策树模型的例子。我还展示了如何创建一个训练数据集和一个测试数据集。这些数据集会被其他一些数据挖掘算法重用。可将这些训练和测试数据集存储在一个 ORE datastore 中，使得这些数据可以在以后重新使用。

以下示例说明如何创建一个包含训练和测试数据集(ORE 数据帧)以及由 ore.odmDT 函数创建的决策树模型的 ORE datastore：

```
> # Saving the Data Mining object to and ORE data store
> ore.save(list=c("Training_Sample", "Testing_Sample", "DTmodel"),
        name="ORE_DS_Decision_Tree", grantable=TRUE)
> # List the ORE data stores
> ore.datastore()
> # List the objects stored in the ORE data store
> ore.datastoreSummary("ORE_DS_Decision_Tree")

    object.name      class size length row.count  col.count
1        DTmodel  ore.odmDT 4462      9        NA         NA
2  Testing_Sample ore.frame 4486     18        NA         18
3 Training_Sample ore.frame 4486     18        NA         18
```

当想要重新使用或重新加载 ORE datastore 中的对象时，可以使用 ore.load 函数，如下所示。它将对象加载到 R 环境中。

```
> # Load the ORE data store objects back into the R environment
> ore.load("ORE_DS_Decision_Tree")
```

```
> # Alternatively if you only want to reload the data sets
> ore.load("ORE_DS_Decision_Tree", c("Training_Sample", "Testing_Sample"))
```

7.4　小结

　　Oracle Data Mining 提供了一套可通过 Oracle Data Miner GUI 或 SQL 和 PL / SQL 接口访问的数据库自带的数据挖掘算法。Oracle R Enterprise 具有一组确定的函数，允许你使用标准 R 的约定通过一个 R 接口使用这些 Oracle Data Mining 算法中的许多算法。这些函数是 Oracle R Enterprise 自带的 OREdm 软件包的一部分。本章通篇给出了如何通过 ORE 函数使用这些数据库自带的算法的示例。这包括创建训练和测试样本数据集，使用可用的函数创建模型，测试模型，创建混淆矩阵以及将模型应用于新数据。本章最后一节演示了如何将这些数据挖掘对象保存到一个 ORE datastore 中，从而允许你在数据科学项目中轻松地重用这些对象。

第8章

利用 ORE 和其他算法建立模型

Oracle R Enterprise 带有一系列专门在 Oracle Database 服务器上与 Oracle Database 一起工作的数据挖掘算法。在第 7 章中，已经说明了如何使用 Oracle Data Mining 特有的数据挖掘算法。本章将介绍 Oracle 已经构建并包含在 Oracle R Enterprise 中的附加数据挖掘算法。

这些 Oracle R Enterprise 特有的算法已经过高度调优，能尽量少地使用内存并能以与 Oracle Database 高度集成的方式工作。Oracle 在创建这些高度调优的算法时所做的工作使你能处理更大量的数据、可能会达到数十亿条记录，并能以更快的速度处理这些数据。

除了能使用 Oracle R Enterprise 中可用的核心算法外，还可以使用各种 R 软件包中可得的许多算法。在本章中，我将给出一些说明如何在 Oracle Database 服务器上使用这些通常可得的算法的示例。

本章最后一部分介绍 Oracle R Enterprise 中一个称为 ore.predict 的特殊函数。ore.predict 函数提供了一种运行 R 生成的模型以便在 Oracle Database 中进行评分的有效方法。

8.1　什么算法是可用的?

表 8-1 列出了 Oracle R Enterprise 提供的附加算法。这些算法经过了优化以便有效地管理内存的使用和处理大量的数据。这些算法处理利用 ORE 数据帧定义的数据。

表 8-1　OREmodels 软件包中可用的数据挖掘算法

ORE 算法	描述
ore.glm	给与 ORE 数据帧相关联的数据创建一个广义线性模型(GLM)
ore.lm	给与 ORE 数据帧相关联的数据创建一个线性回归模型
ore.neural	给与 ORE 数据帧相关联的数据创建一个神经网络模型
ore.stepwise	给与 ORE 数据帧相关联的数据创建一个逐步线性回归模型
ore.randomForest	给与 ORE 数据帧相关联的数据创建一个随机森林模型

8.2　为建模而准备数据

正如在前一章中所了解到的,Oracle Data Mining 算法有一个名为自动数据准备(ADP)的特性。ADP 有一个确定的有关在将数据输入到 Oracle Data Mining 算法之前如何处理和准备数据的规则集。这个特性非常有用,功能强大,可节省大量时间,因为你不必分析或编写可能需要的所有数据转换。

当使用本章列出的 ORE 算法时,或者使用 R 语言中许多数据挖掘算法中的任意算法时,需要对数据进行详细分析以便确定需要哪些数据转换。基于此分析,你需要编写执行这些转换所需的 R 代码。

为了准备数据而需要执行的典型数据转换包括以下内容:
- 如何在属性和记录的层次上处理缺失数据
- 数据规范化
- 变量标准化
- 数据值分块
- 数据值重映射
- 确定相关联的关变量
- 产生派生属性
- 特征提取
- 特征工程
- 变量缩减技术,包括 PCA、属性重要性等

本章的样本数据集

在前一章中,当使用 Oracle Data Mining 算法构建数据挖掘模型时,我们使用了 Oracle Database 中的一些示例数据集。包括一个可在 Oracle 模式中运行并创建各种数据库视图及一些表的 SQL 脚本。另一种方法是使用作为 SQL Developer 一部分的 Oracle Data

Mining 工具来创建此样本数据。

　　在本章中，我使用了另外一些数据集来说明如何使用 Oracle R Enterprise 的附加数据挖掘算法、如何在 Oracle Database 环境中使用其他一些 R 数据挖掘算法以及如何使用 ore.predict 函数。

　　这些数据集中的第一个是美国人口普查(USA Census)数据，它提供了一些人口统计数据和一个表明个人收入是在 50 000 美元以上还是在以下的变量。这个数据集通常有两个名称。第一个是 Adults 数据集，第二个是 AdultUCI 数据集(http://archive.ics.uci.edu/ml/datasets/Adult)。这个数据集也是 R 语言的 arules 软件包的一部分。它还可以从 UCI 机器学习资源库档案(UCI Machine Learning Repository Archive)上得到。下面的代码说明了如何从该档案网站读取此数据集，并将其作为数据帧加载到本地 R 环境中。这个例子的最后部分采用 ore.push 函数，它获得本地的数据帧并将其移到 Oracle Database 中使其成为一个 ORE 数据帧。

```
> # Load the Adult Census Data data set CensusIncome
>CensusIncome<-read.table("http://archive.ics.uci.edu/ml/machine-learning-
databases/adult/adult.data",
    sep=",",header=F,col.names=c("age","type_employer","fnlwgt","education",
    "education_num","marital","occupation","relationship","race","sex",
    "capital_gain", "capital_loss", "hr_per_week","country", "income"),
    fill=FALSE, strip.white=T, na.strings = "Unknown")
> census <- ore.push(CensusIncome)
```

　　对于本章所示的示例，可以使用数据集中的数据。或者，你可能希望通过对某些变量中的值进行标准化来执行一些数据准备工作。

　　数据集中的第二个也可在 UCI 机器学习资源库档案网站上获得，是 Wine Quality (Wine Quality)数据集(https://archive.ics.uci .edu / ml/datasets/Wine+Quality)。这个数据集提供了两个葡萄酒数据集：一种是红葡萄酒，一种是白葡萄酒。本章使用白葡萄酒数据集。下面的代码演示了如何从档案网站读取这个数据集，把它作为一个数据帧加载到本地的 R 环境中，然后使用 ore.push 函数将此数据帧推到 Oracle Database 中。

```
> # Load the (white) Wine Quality Data data set
>WhiteWine=read.table("http://archive.ics.uci.edu/ml/machine-learning-databases/
wine-quality/winequality-white.csv", sep=";", header=TRUE)
> wine <- ore.push(WhiteWine)
```

　　如果你已经跟着做了这些例子，那么你现在就有了本章中要使用的数据集。或者，可使用自己的数据集或我在前一章中说明如何使用各种数据库自带的数据挖掘算法时所用的数据集。

8.3　使用 ORE 算法建立模型

　　Oracle R Enterprise 自带的算法集合中的算法列于表 8-1 中。这些算法已被高度调优以尽量减少内存的使用和有效处理 ORE 数据帧中的数据。

在本节中，我将展示如何使用这些算法中的每一个来生成模型以及如何使用这些模型对新数据进行评分。

8.3.1　广义线性模型

我们要介绍的第一个 ORE 算法是 ore.glm 函数。广义线性模型(GLM)可用来生成一个回归模型，也可以针对一个分类反应变量生成逻辑回归模型。ore.glm 函数利用 ORE 数据帧中的数据采用 Fisher 评分迭代加权最小二乘(IRLS)算法构建一个 GLM 模型。查阅 R 帮助以便获得有关实现 IRLS 算法的更多细节。

ore.glm 函数的语法如下：

```
> ore.glm(formula,
          data,
          weights,
          family = gaussian(),
          start = NULL,
          control = list(...),
          contrasts = NULL,
          xlev = NULL,
          ylev = NULL,
          yprob = NULL, …)
```

ore.glm 函数与 R 语言标配的 glm 函数有相似的签名和参数。当使用 ore.glm()函数构建模型时，需要提供的最小参数集合中要包括公式和数据集。通过公式参数，可以指定希望模型构建时包含和/或排除哪些属性，以及识别目标属性。数据参数是包含要使用的数据集的 ORE 数据帧。下面的例子说明了如何使用 Census Income 数据集(又名 Adult 或 AdultUSI 数据集)创建一个 GLM 模型。下面的示例假定 Census Income 数据集已经通过 ore.push 函数移到 Oracle Database 中，并且名为 census 的 ORE 数据帧指向 Oracle Database 中的数据。或者，可使用 ore.create 函数在 Oracle 模式中创建一个表。

```
> GLMmodel <- ore.glm(income ~., data=census, family=binomial())
> summary(GLMmodel)
```

重要提示

当试图运行 ore.glm()函数时，如果得到一个写着诸如 "Error in is.finite(reduceobj)" 之类的错误消息，则需要为 Oracle Database 打一个补丁。补丁编号和描述为 20173897 WRONG RESULT OF GROUP BY FROM A TABLE RETURNED BY EXTPROC (Patch)。

---

summary 函数列出了所生成的模型的一些细节以及系数的详细信息。可以使用 names 函数获得所有各种模型的可用细节的列表。

```
> names(GLMmodel)
 [1] "coefficients"   "residuals"      "fitted.values"
 [4] "effects"        "R"              "rank"
 [7] "qr"             "family"         "linear.predictors"
[10] "deviance"       "aic"            "null.deviance"
[13] "iter"           "weights"        "prior.weights"
```

```
[16] "df.residual" "df.null"     "y"
[19] "converged"   "boundary"    "model"
[22] "x"           "call"        "formula"
[25] "terms"       "data"        "offset"
[28] "control"     "method"      "contrasts"
[31] "xlevels"
```

与所有其他 ORE 算法相似，有一个专门的 predict 函数，该函数可让你使用模型对新数据打分。下面的代码说明怎样使用先前创建的 GLM 模型对新数据集进行打分或标记。在本例中，我使用创建该模型时使用的数据集。如果选择了 response，那么预测就在响应尺度上。

```
> GLMscored <- predict(GLMmodel, newdata=census,
                       supplemental.cols=c("age", "income"),
                       type="response")
> head(GLMscored, 20)
```

除了 summary 和 predict 函数，ORE 还有一系列重载函数，可与利用 ore.glm 构建的 ORE 模型一起使用。这些函数包括 vcov、residuals、coef、coefficients、deviance、effects、extractAIC、family、fitted、fitted.values、formula、logLik、model.frame、nobs 和 weight。

8.3.2　线性和逐步回归模型

Oracle R Enterprise 有一个自己实现的回归线性模型，还伴随着一个名为 ore.lm 的函数。ore.lm 函数执行最小二乘回归，并经过特别设计处理用 ORE 数据帧表示的数据。ore.lm 函数的这个实现版被针对内存使用进行了优化，可以并行运行，并有能力使用 Oracle Database 服务器，这便使得它可以处理比使用 R 语言自带的标准 lm 函数更大量的数据。

ore.lm 函数具有与 R 中的标准 lm 函数相似的 API 签名和参数清单。因此，除了 ore.lm 函数，Oracle 还提供了可通过 R 语言中的标准 lm 函数使用的典型函数的重载版本。这些函数经专门设计，能与由 ore.lm 函数生成的 ORE 模型一起工作。它们包括：summary、logLik、hatvalues、vcov、predict、add1、drop1、anova、coef、coefficients、confint、deviance、effects、extracAIC、fitted、fitted.values、formula、model.frame、nobs、resid、residuals 和 weights。

为说明如何使用 ore.lm 函数，我将使用 Wine Quality 数据集。本章前面提供了如何访问此数据集的详细信息。Wine Quality 数据集被推送到 Oracle Database 中，现在被通过一个名为 wine 的 ORE 数据帧引用。下例说明了如何使用 ore.lm 函数来构建一个关注数据集中葡萄酒的酒精度的模型。

```
> wine <- ore.push(WhiteWine)
> LMmodel <- ore.lm(alcohol ~., data=wine)
> LMmodel
> summary(LMmodel)
Call: lm(formula = alcohol ~ ., data = WhiteWine)
Residuals:      Min      1Q  Median      3Q      Max
-3.3343 -0.2553 -0.0255 0.2214 15.7789

Coefficients:
```

	Estimate	Std. Error	t value	Pr(>|t|)	
(Intercept)	6.719e+02	5.563e+00	120.790	< 2e-16	***
fixed.acidity	5.099e-01	9.855e-03	51.745	< 2e-16	***
volatile.acidity	9.636e-01	6.718e-02	14.342	< 2e-16	***
citric.acid	3.658e-01	5.596e-02	6.538	6.88e-11	***
residual.sugar	2.341e-01	2.960e-03	79.112	< 2e-16	***
chlorides	-1.832e-01	3.207e-01	-0.571	0.56785	
free.sulfur.dioxide	-3.665e-03	4.936e-04	-7.425	1.33e-13	***
total.sulfur.dioxide	6.579e-04	2.217e-04	2.968	0.00301	**
density	-6.793e+02	5.696e+00	-119.259	< 2e-16	***
pH	2.383e+00	5.191e-02	45.916	< 2e-16	***
sulphates	9.669e-01	5.751e-02	16.814	< 2e-16	***
quality	6.663e-02	8.341e-03	7.988	1.70e-15	***

```
---
Signif. codes: 0 '***' 0.001 '**' 0.01 '*' 0.05 '.' 0.1 ' ' 1

Residual standard error: 0.4409 on 4886 degrees of freedom
Multiple R-squared: 0.8719, Adjusted R-squared: 0.8716
F-statistic: 3024 on 11 and 4886 DF, p-value: < 2.2e-16
```

前面的代码清单中的 summary(LMmodel)显示了所创建的模型的细节。它列出了模型的各种系数和统计度量，包括 R-squared 和 Adjusted R-squared。

可以研究利用所能得到的各种函数产生的模型的许多其他特性，这些函数已经在前面列出。

生成回归模型后，便可以使用 predict 函数将模型应用到任何可用的并符合原始数据格式的新数据上。下面的例子说明了如何使用所生成的回归模型来通过一个预测值为新数据打分。下面的例子从数据集中选择了前 15 行：

```
> data_score <- wine[1:15,]
> LMscored <- predict(LMmodel, newdata=data_score, supplemental.cols="alcohol")
> Lmscored
    alcohol    output
1       8.8  8.709956
2       9.5  9.499076
3      10.1 10.687868
4       9.9  9.975722
5       9.9  9.975722
6      10.1 10.687868
7       9.6  9.693886
8       8.8  8.709956
9       9.5  9.499076
10     11.0 10.203548
11     12.0 11.783000
12      9.7 10.326858
13     10.8 11.214805
14     12.4 11.968924
15      9.7  9.931775
```

逐步回归是一种通过基于估计系数的 t 统计量持续增加或移除变量来建立模型的自

动过程。逐步回归是在 Oracle R Enterprise 中利用分段最小二乘回归来实现的。默认情况下，ore.stepwise 将在两个方向上执行逐步回归，向后、向前和交替。

```
> wine <- ore.push(WhiteWine)
> SWmodel <- ore.stepwise(alcohol ~. ^2, data=wine, add.p = 0.1, drop.p = 0.1)
> summary(SWmodel)
```

可使用 step 函数将逐步回归模型每次迭代的详细信息都输出出来。可以想见，这个输出会很长，我没有在这里显示出来。然而，在某些行业中，生成这个清单是非常重要的，因为各种审计和监管场景都需要它。

```
> SWsteps <- step(ore.lm(alcohol ~ 1, data=wine),
                  scope=terms(alcohol ~. ^2, data=wine))
```

step 函数有一个参数叫 direction。这在前面的示例中没有列出，因为它将使用下列默认设置之一：

```
direction = c("both", "backward", "forward")
```

如果希望在一个方向上执行这些步骤，可以明确指定，例如：

```
> SWsteps <- step(ore.lm(alcohol ~ 1, data=wine),
                  scope=terms(alcohol ~. ^2, data=wine),
                  direction="forward")
```

step 函数的输出没有在这里显示，因为它可能会很长。运行这个函数时需要小心，因为运行它可能会需要很长时间，这取决于所涉及的属性数量。

8.3.3 神经网络

神经网络是一种流行的数据挖掘技术，用于在杂乱和复杂的数据集中对模式(pattern)和非线性关系进行建模。在 Oracle R Enterprise 中，神经网络是使用一种用于进行回归的前馈网络来实现的，并专门设计用于处理由 ORE 数据帧表示的数据。神经网络可以有许多隐藏层(默认为 0 隐藏层)和节点。ore.neural 函数具有很多可用于对神经网络模型进行微调的参数。其中一些参数包括将要使用的活动类型、容忍级别以及用于权重初始化的上下边界。

对于最简单的 ore.neural 函数的调用，可以传入针对属性的公式和数据集的名称。在本例中，我们将使用 Wine 数据集。

```
> wine <- ore.push(WhiteWine)
> NNmodel <- ore.neural(quality ~., data=wine)
> NNmodel
Number of input units    11
Number of output units   1
Number of hidden layers  0
Objective value          1.406247E+03
Solution status          Optimal (objMinProgress)
Output layer             number of neurons 1, activation 'linear'
Optimization solver      L-BFGS
Scale Hessian inverse    1
```

```
Number of L-BFGS updates 20
```

这个例子建立了一个没有隐藏层的神经网络模型。如果想添加一些隐藏层，可以使用 hiddenSizes 参数来指定每个层上的神经元数目。例如，下面将使用三个隐藏层，第一个隐藏层上有五个神经元，第二个隐藏层有三个神经元，第三个隐藏层有两个神经元：

```
> NNmodel <- ore.neural(quality ~., data=wine, hiddenSizes=c(5, 3, 2))
```

通过 ore.neural 函数可为每个隐藏层使用多种激活方法。默认情况下，bSigmoid 激活方法用于隐藏层和线性化输出层。可以使用 activations 参数来更改这些参数。在列出激活方法时，需要确保为每个层和输出层都列出一个激活方法。

创建一个满足精度要求的神经网络后，就可以使用该模型来评分或标记新的数据了。就像其他所有数据挖掘函数一样，可以使用 predict 函数对新数据打分。

```
>NNscored<-predict(NNmodel,newdata=wine,supplemental.col="quality")
> head(NNscore)

  quality pred_quality
1       6     5.459094
2       5     5.608050
3       6     6.365405
4       5     5.629717
5       5     5.556396
6       6     5.554403
```

8.3.4　随机森林

随机森林是一种集成学习方法，可用于分类和回归。通过这种方法，可以在训练时通过随机选择用于分割节点的属性来构造多个决策树。当用于预测时，会对决策树的随机森林进行扫描，每个决策树都会做出预测或投票。最后的预测值或结果，对于分类问题由模式值决定，对于回归类型的问题由平均值决定。随机森林的 Oracle R Enterprise 实现版中，树可以并行增长，这是由为 ORE 设置的并行等级决定的。Oracle R Enterprise 中当前的随机森林实现版支持分类。并行度可以用 ore.parallel 函数来设置。当并行度设置为大于默认值 1 时，会为每个并行的嵌入式 R 执行过程把训练数据复制到内存中。在决定所使用的并行度，以及为每个嵌入式 R 执行过程管理和设置可用内存的数量时，应该小心谨慎。

在 Oracle R Enterprise 中，随机森林是用 ore.randomForest 函数实现的。默认情况下，这个函数在构建过程中最多将创建 500 棵树，但是可以使用 ntree 参数来更改这个值。下面的例子说明了如何使用人口普查数据生成一个随机森林模型：

```
> census <- ore.push(CensusIncome)
> RFmodel<-ore.randomForest(income~.,data=census,confusion.matrix=TRUE)
> RFmodel
> names(RFmodel)
```

在这个例子中，我已经包含了参数 confusion.matrix。这个参数为模型创建一个混淆矩阵，它允许你把这一信息作为对所产生的随机森林模型的评估的一部分来使用。默认情况下，该参数被设置为 FALSE。混淆矩阵是通过将模型应用于整个训练数据集计算出来的。

　　所产生的每个随机的森林数据挖掘模型(即 ore.randomForest 对象)都带有大量可供检查的组件。如前所示，使用 names(RFmodel)可列出所有这些组件。可使用这些组件来检查所产生的随机森林模型的各种特性。在检查森林组件时应该十分小心，因为它会返回所产生的森林的所有细节，它们是整个模型的一部分。

　　就像 Oracle R Enterprise 的其他数据挖掘函数一样，有一个特定的 predict 函数，它对新数据运行数据库自带的 ORE 随机森林模型，新数据用一个 ORE 数据帧表示。下面的例子演示了这个 predict 函数的用法，并展示了如何生成一个评过分的数据集，其中包含了进行评分的数据集的一些属性：

```
> RFscored <- predict(RFmodel, newdata=census, type="response",
                       supplemental.cols="income")
> head(RFscored, 10)
```

8.4　使用 R 软件包和算法构建模型

　　在本章和第 7 章中，我举了很多关于如何使用内建于 Oracle Database 中的算法以及与 Oracle Database 和 Oracle Database 服务器紧密集成的其他 ORE 算法来构建数据挖掘模型的例子。通过使用这些算法，可以使用 Oracle Database 服务器的计算能力在 Oracle Database 中处理数据以便构建模型并对数据进行评分。这就消除了从 Oracle Database 中提取数据的需要，从而节省了大量时间，并允许在生产环境中使用数据挖掘。

　　R 语言带有大量的软件包，允许你执行几乎任何类型你想要的分析。除了 Oracle R Enterprise 自带的算法之外，你还有可以使用 R 语言中许多其他算法的能力。

　　在第 14 章中，我给出了一些说明如何在 Oracle Database 服务器上的 Oracle R Enterprise 环境中安装这些 R 软件包中的一些软件包的示例。这样做可以让你访问这些算法并将 Oracle Database 服务器用作一个强大的计算引擎。

　　用 R 软件包安装了新算法后，你有许多方法使用它们。第一种是在 Oracle Database 服务器上运行 R 脚本。下面的例子演示了如何使用 rpart 软件包利用人口普查数据集创建一个递归分区树：

```
> library(rpart)
> rpartModel <- rpart(income ~., method="class", data=CensusIncome)
> rpartModel
```

　　虽然这个 R 代码将在 Oracle Database 服务器上的一个 R 引擎中运行，但是 rpart 算法和软件包并不是 Oracle R Enterprise 的核心环境的一部分。这种情况下，需要将 Oracle Database 中的数据提取到本地的 R 环境中。因为这将发生在 Oracle Database 服务器上的一个 R 引擎中，所以不会有任何由于将数据跨网络移动所引起的传输问题。

　　一种替代的方法是使用 Oracle R Enterprise 的嵌入式 R 执行特性。该特性允许你打包一组 R 语句并将它们发送给 Oracle Database。然后，Oracle Database 将在 Oracle Database 控制的服务器端的 R 引擎中执行此代码。下面的示例演示了如何获取位于 R 环境中的人口普查数据集，将其推送到 Oracle Database 中，加载 R 资源库 rpart ，创建 rpart 模型，使用该模型对数据集进行评分，然后返回打过分的数据集：

```
> rp <- ore.tableApply (
  ore.push(CensusIncome),
  function(dat) {
    library(rpart)
    Rmodel <- rpart(income ~., method="class", data=dat)
    pred_Income <- predict(Rmodel, dat, type="class")
    pred_Income2 <- cbind(dat, pred_Income)
    pred_Income2
  }
)
```

创建模型和对数据进行打分的所有工作都将在 Oracle Database 服务器上使用嵌入式的 R 执行特性来执行。前面的例子还涉及数据的移动。但是，如果数据已经存在于 Oracle Database 中会怎样呢？打过分的数据集仍作为一个 ORE 数据帧留存在 Oracle Database 中。可在 Oracle Database 中使用该对象，也可以使用 ore.pull 将打过分的数据集拉到自己的 R 环境中以便进行进一步的分析。

下面的例子演示了在 Oracle 模式中创建一个用于存储数据集的表。当想要处理的数据集驻留在 Oracle Database 中时，这是一个典型场景。将在下面的示例中使用的正是你的模式中的表。

```
> census_data <- ore.create(CensusIncome, "CENSUS_INCOME")
> rp <- ore.tableApply (
  CENSUS_INCOME,
  function(dat) {
    library(rpart)
    Rmodel <- rpart(income ~., method="class", data=dat)
    pred_Income <- predict(Rmodel, dat, type="class")
    pred_Income2 <- cbind(dat, pred_Income)
    pred_Income2
  }
)
```

基于前面的示例，可以看到开始使用 R 语言中可用的大量算法是多么容易。下面的例子说明了如何使用 R 自带的 glm 函数。这个例子有两个部分。第一部分演示了如何在 Oracle Database 服务器上创建 GLM 模型，第二部分演示了如何使用嵌入式的 R 执行方法。

```
> # Example using the standard glm function that comes with R
> data <- ore.pull(wine)
> gm <- glm(quality ~., data=data)
> pred_Quality <- predict(gm, data)
> pred_Quality2 <- cbind(data, pred_Quality)
> head(pred_Quality2)

> # now the embedded R execution method
```

```
> GLMresult <- ore.tableApply (
    ore.push(WhiteWine),
    function(dat) {
      gm <- glm(quality ~., data=dat)
      pred_Quality <- predict(gm, dat)
      pred_Quality2 <- cbind(dat, pred_Quality)
      pred_Quality2
    }
)
> GLMresult_scored <- ore.pull(GLMresult)
> head(GLMresult_scored)
```

类似地，可使用 R 语言自带的 kmeans 函数：

```
> # Use embedded R execution to generate a kMean model
> KMmodel <- ore.tableApply (
      ore.push(WhiteWine),
      function(dat) {
        km <- kmeans(dat, 5)
        km
      }
  )
> class(KMmodel)
> km <- ore.pull(KMmodel)
> class(km)
> summary(km)
> km
```

在这一节中，我演示了两种不同的使用 R 语言中的大量算法中的一些算法的方法。可在 Oracle Database 服务器上安装和运行这些算法及其软件包，也可使用嵌入式 R 执行函数来执行 Oracle Database 控制的服务器端的 R 引擎中的代码。

在本章的下一节中，我将演示如何使用 ore.predict 函数。你将看到在本节中创建的示例和模型如何与此函数一起使用。

8.5 使用 ore.predict 优化数据库自带的评分过程

在许多数据科学项目中，你都会有为对数据进行打分而创建的各种模型。这些模型可能已通过 R 语言中可得的大量算法创建出来了。上一节中演示了如何通过在 Oracle Database 服务器上运行来使用一些算法，或者使用 Oracle R Enterprise 的嵌入式 R 执行特性来运行它们。

不必重写 R 脚本以便使用作为 Oracle R Enterprise 的一部分而提供的算法和函数重新创建模型，你现在可以选择使用这些已存在的模型并允许 Oracle R Enterprise 在一个指向 Oracle Database 中的数据的 ORE 数据帧上运行它们。通过这种方式，你不必把数据提取到本地 R 环境中的一个数据帧中再处理。

Oracle R Enterprise 支持利用非 Oracle R Enterprise 的模型对驻留在 Oracle Database 中的数据进行记录和标记的能力。ore.predict 函数就是用来执行此功能的。通过使用

ore.predict，可以最大限度地利用 Oracle Database 作为计算引擎。它简化了应用程序的工作流程和逻辑，简化了技术架构，并允许在应用程序和分析环境中更容易地集成和使用。

尽管 R 语言有大量的算法，但并不是所有算法都是 ore.predict 函数所支持的。表 8-2 列出了 ore.predict 函数所支持的各种算法。

表 8-2　由 ore.predict 函数支持的模型

模型种类	描述	ore.predict 签名
glm	广义线性模式	ore.predict-glm
kmeans	k - means 聚类模型	ore.predict-kmeans
lm	线性回归模型	ore.predict-lm
matrix	一个不超过 1000 行的矩阵，用于 hclust 层次集群模型中	ore.predict-matrix
multinom	多项对数线性模型	ore.predict-multinom
nnet	神经网络模型	ore.predict-nnet
ore.model	Oracle R Enterprise 模型	ore.predict-ore.model
prcomp	矩阵的主成分分析	ore.predict-prcomp
princomp	一个数字矩阵的主成分分析	ore.predict.princomp
rpart	递归分区和回归树模型	ore.predict.rpart

尽管可以对利用 ORE 算法所生成的模型(参见第 7 章和本章的前面部分)使用 ore.predict 函数，但是我建议使用 predict 函数作为消除一个额外的翻译代替层的方法。

在上一节中，我给出了针对你的数据使用一些 R 语言自带的数据挖掘函数的例子。有两种主要的方法来做这件事。第一种方法是在 Oracle Database 服务器上运行脚本，提取数据并生成或使用数据挖掘模型。第二种方法是使用 Oracle R Enterprise 的嵌入式 R 执行特性。这种方法允许你在本地的 R 环境中编写 R 代码，但是使用嵌入式 R 执行特性在数据库服务器上执行代码。

另一种方法是利用 ore.predict 函数在 Oracle Database 中对数据进行评分，这个 ore.predict 函数要利用 R 模型所定义的模型的详细信息。由上述算法中的一个所开发并被 ore.predict 函数所支持(见表 8-2)的 R 模型将拥有各种模型信息，这些信息提取自 R 模型并在 Oracle Database 中翻译和运行。这便允许你利用 Oracle R Enterprise 和 Oracle Database 的计算和性能能力来极快、极有效地在 Oracle Database 中对数据进行评分。另外，它还允许很容易地集成进现有的应用程序、工作流、仪表盘和体系结构中。

下面的示例基于前一节中创建的数据挖掘模型。其中第一个示例使用 rpart 软件包和算法来为人口普查数据创建一个递归分区模型。下面的代码演示了一个使用 rpart 算法构建模型的完整示例，该算法使用存储在本地 R 环境中(在名为 WhiteWine 的数据帧中)的数据，然后使用 ore.predict()函数对 Oracle Database 中的 ORE 数据帧中的数据进行打分。

```
> library(rpart)
```

```
> rpartModel <- rpart(income ~., method="class", data=CensusIncome)
> rpartModel
> # Score the data in the CENSUS_INCOME table
>pred_Income<-ore.predict(rpartModel, CENSUS_INCOME, type="class")
> pred_Income2 <- cbind(CENSUS_INCOME, pred_Income)
> head(pred_Income2)
> table(pred_Income2$income, pred_Income2$pred_Income)
```

类似地，也可以使用前一节中创建的 glm 模型，利用 ore.predict 函数对 Oracle Database 中的数据进行打分。

```
> gm <- glm(quality ~., data=WhiteWine)
> ore.create(WhiteWine, "WHITE_WINE")
> pred_Quality <- ore.predict(gm, newdata=WHITE_WINE)
> pred_Quality2 <- cbind(WHITE_WINE, pred_Quality)
> head(pred_Quality2)
```

还可以使用 ore.predict 函数，利用一个基于所创建的 kMeans 模型的预测聚类对一个数据集进行标记：

```
> KMmodel <- kmeans(WhiteWine, centers=5)
> KMmodelpred_Cluster<-ore.predict(KMmodel, newdata=WHITE_WINE)
> head(pred_Cluster)
> pred_Cluster2 <- cbind(WHITE_WINE, pred_Cluster)
> head(pred_Cluster2)
```

8.6 小结

Oracle R Enterprise 包含了大范围高级的分析算法。这些算法已在第 7 章和本章讨论过了。这些算法包括数据库自带的数据挖掘算法和专为更高效、更好地使用内存并以与 Oracle Database 更好集成的方式进行工作而构建的附加算法。这些算法允许你处理位于 Oracle Database 中的数据，从而能够利用数据库服务器作为一个强大的计算引擎。除了作为 Oracle Advanced Analytics 的一部分而提供的算法之外，特别针对 Oracle R Enterprise，你还有大量方法来合并和使用 R 语言中可用的大量算法。在本章中，我们列举出了大量例子来说明如何使用这些算法来构建模型并在数据库中对数据进行打分。

第9章

在用户定义的 R 脚本库中生成 R 脚本

当编写 ORE 代码时，你将开始构建很多段重复代码。解决这些问题的一种方法是创建包含这些代码的 R 函数。当涉及使用 Oracle R Enterprise 的嵌入式 R 执行特性时，需要将这些 R 函数保存为用户定义的 R 脚本。另外，如果想要在 SQL 中使用 R 分析，则需要将这些函数生成为 Oracle Database 的 R Script Repository 中用户定义的 R 脚本。这些用户定义的 R 脚本存储在 Oracle Database 中，可使用一些 ORE 嵌入式 R 执行函数或者等效的 SQL 函数来调用。使这些用户定义的 R 脚本能通过 SQL 调用这一能力，允许你将 R 分析包含到任何使用 SQL 访问数据库中的数据的应用程序中。这些 ORE 函数和 SQL 函数将在第 10 章中讨论。

本章将介绍如何将 R 函数存储为用户定义的 R 脚本。有两种创建和管理这些用户定义的 R 脚本的方法。使用哪种方法取决于你是在一个数据分析团队中还是一个应用程序开发团队中任职。如果你在一个数据分析团队中，你可能会使用 ORE 函数在 Oracle Database 中的 R Script Repository(R 脚本库)中创建和管理脚本。另一方面，作为一个应用程序开发者，你将通过 SQL 使用这些完全相同的 R 脚本并将它们包含在你的代码中。还有一组允许你创建和管理用户定义的 R 脚本的 SQL 函数。

9.1　使用 R 脚本库

本节将介绍一组可用来创建和管理用户定义的 R 脚本的 ORE 函数。这些 R 脚本存储在 R Script Repository 中。不需要专门创建 R Script Repository，因为它在给 Oracle Database 安装 ORE 时就已经创建了。表 9-1 列出了那些用来在 Oracle Database 的 R Script Repository 中创建和管理 R 脚本的 ORE 函数。

表 9-1　用于在 R Script Repository 中创建和管理 R 脚本的 ORE 函数

R 函数	介绍
ore.scriptCreate	向 R Script Repository 中添加一个 R 脚本
ore.scriptDrop	从 R Script Repository 中删除一个 R 脚本
ore.scriptList	列出存储在 R Script Repository 的 R 脚本的详细信息
ore.scriptLoad	将命名的 R 脚本从 R Script Repository 中加载至 R 环境中
ore.grant	授予权限给一个 Oracle 模式访问，使其能运行一个用户定义的 R 脚本。这个 ore.grant 函数由一个模式来执行，它被创建出来并拥有用户定义的 R 脚本
ore.revoke	这个命令用来移除另一个 Oracle 模式的能够运行 R 脚本的执行权限。这个命令需要由该 R 脚本的拥有者来操作

下面将探讨如何使用利用这些 ORE 函数中的每一个来创建和管理用户定义的 R 脚本的示例。

创建一个用户定义的 R 脚本其实是在 Oracle Database 中创建一个对象。因此，你需要一个额外的数据库系统权限以便在 R Script Repository 中创建和存储用户定义的 R 脚本。在安装 ORE 期间，同时创建了一个名为 RQADMIN 的角色。所有将要在 R Script Repository 中创建 R 脚本的 Oracle 模式都需要被授予此角色。为此，你或者 DBA(数据库管理员)需要以 SYSDBA 的身份连接到 Oracle Database 上，然后运行以下命令，其中的*<ORE_USER>*为将要创建用户定义的 R 脚本的 Oracle 模式名。

```
SQL> grant rqadmin to <ORE_USER>;
```

9.2　创建和删除 R 脚本

用户定义的 R 脚本允许你在 ORE 代码中重复运用这些函数并运用 ORE SQL API 函数在应用程序中轻松部署这些函数。所创建的用户定义的 R 脚本将被存储在 Oracle Database 的 R Script Repository 中。

这里是创建和存储用户定义的 R 脚本的 ORE 函数的语法：

```
ore.scriptCreate(name, FUN, global = FALSE, overwrite = FALSE)
```

ore.scriptCreate 函数需要两个主要的参数值。其中第一个参数是 R 脚本的唯一的名称。用户在创建 R 脚本时，这个名称必须是唯一的。第二个参数是函数的说明。

下面的例子说明了创建一个叫做 CustomerAge 的 R 脚本的过程。该 R 函数基于顾客的出生年份计算顾客的大概年龄，出生年份作为一个参数被提供给函数。

```
> ore.scriptCreate("CustomerAge", function (YearBorn) {
    CustAge <- as.numeric(format(Sys.time(), "%Y")) - YearBorn
    data.frame(CustAge)
 } )
```

可以用 ORE 嵌入式 R 执行函数中的一个来调用这个函数，比如 ore.doEval：

```
> #Example of calling an User defined R script using the ore.doEval function
> # Call the script to calculate the age. Returns an ore.object
> res <- ore.doEval(FUN.NAME="CustomerAge", YearBorn=2010)
> res
> 6
  CustAge
1    6
```

在这个例子中，Ore.doEval 函数调用用户定义的 R 脚本 CustomerAge 并向该用户定义的 R 脚本中的函数传入将会使用的年份。

在将一个 R 函数存储为用户定义的 R 脚本之前，先把它作为一个单独的函数来创建并测试，这样做是明智的。通过这样做，可以确保这个函数能像要求的那样执行并能按后续使用所要求的格式输出结果。

像之前提到的那样，用户定义的 R 脚本是保存在本地 Oracle 模式中的，并且只有该模式的用户才能访问这个 R 脚本。如果你有一个 R 函数，进而是一个用户定义的 R 脚本，并且你想将这个 R 函数分享到 Oracle Database 中的所有模式，可将 global 参数置为 TRUE。默认的情况下该参数是被置为 FALSE。利用之前的例子，下面这个例子演示了带有 global 参数的 ore.createScript 的调用。

```
> ore.scriptCreate("CustomerAge", function (YearBorn) {
    CustAge <- as.numeric(format(Sys.time(), "%Y")) - YearBorn
    data.frame(CustAge)
 }, global=TRUE )
```

可以使用 ore.grant 和 ore.revoke 函数来控制谁可以调用你的用户定义的 R 脚本。下一节将会介绍这些命令。

ore.createScript 函数的最后一个参数是 overwrite(复写)参数。默认情况下，把参数设置为 FALSE 以防将当前的用户定义的 R 脚本替换为同名的另一个版本的 R 脚本，或者替换为完全不一样的内容。但是当试图继续开发并测试你的 R 脚本时，可能需要再次存储这个脚本。为了有效地完成，可将 overwrite 参数置为 TRUE，如这里所演示的：

```
> ore.scriptCreate("CustomerAge", function (YearBorn) {
    CustAge <- as.numeric(format(Sys.time(), "%Y")) - YearBorn
    data.frame(CustAge)
```

```
}, overwrite=TRUE)
```

在这个例子中并没有为 global 参数指定值。在之前的例子中，将它置为 TRUE，使它在 Oracle Database 中全局可用。但是在这个例子中，global 参数将恢复为默认值并将之前定义的全局的 R 脚本改回当前模式的私有 R 脚本。

当想要从 R Script Repository 中移除一个 R 脚本时，可使用 ore.scriptDrop 函数。想使用 ore.scriptDrop 函数来删除之前创建的 CustomerAge 脚本时，可按照如下方式操作：

```
> ore.scriptDrop("CustomerAge")
```

ore.scriptDrop 函数也有一个 global 参数。如果所创建的用户定义的 R 脚本是一个全局的用户定义的 R 脚本，就需要在 ore.scriptDrop 函数中使用 global = TRUE，如下所示：

```
> ore.scriptDrop("CustomerAge", global=TRUE)
```

删除用户定义的 R 脚本时要非常谨慎，因为其他用户以及很多应用程序和进程中可能使用了这些脚本。

9.3　授予和撤消用户定义的 R 脚本的特权

为了控制谁有权运行你的 R 脚本，可使用 ore.grant 函数将一个 R 脚本的读权限授予要求使用它的人。同样，当想要撤消某个指定用户的这一特权并且不影响其他用户的话，可使用 ore.revoke 函数。

这是 ore.grant 与 ore.revoke 函数用于用户定义的 R 脚本时的语法：

```
ore.grant(name, type = "rqscript", user)

ore.revoke(name, type = "rqscript", user)
```

name 参数是用户定义的 R 脚本的名称(即函数名)，user 参数是一个模式的名称或者是模式的一个列表，这些模式是你想要授予或者撤消其对 R 脚本的读权限的模式。以下例子演示了如何授予和撤消 DMUSER 模式对 R 脚本 CustomerAge 的读权限：

```
> ore.grant("CustomerAge", type = "rqscript", "DMUSER")

> ore.revoke("CustomerAge", type = "rqscript", "DMUSER")
```

使用另一个模式中的 R 脚本时，用户可以像一个本地 R 脚本那样引用其名称。在前面的 ore.grant 函数中，DMUSER 被授予对用户定义的 R 脚本 CustomerAge 的读权限。当连接到 DMUSER 模式时，可像本章前面那样调用此用户定义的 R 脚本：

```
> ore.connect(user="dmuser", service_name="pdb12c", host="localhost",
        password="dmuser", port=1521, all=TRUE)
> # Call the script to calculate the age. Returns an ore.object
> res <- ore.doEval(FUN.NAME="CustomerAge", YearBorn=2010)
> res
  CustAge
1      11
```

9.4　管理 R Script Repository

创建用户定义的 R 脚本之后,可能需要不时地检查你的 Oracle 模式中存在哪些脚本,或者被授予了哪些脚本的特权。ore.scriptList 函数可用于列出可用的 R 脚本。当使用 ore.scriptList 函数时, 将得到一个所有脚本的列表, 但也可以搜索具有某个特定类型(例如, 用户、全局、授予和已授予)的脚本。另外, 当 R 脚本列表很大时, 可以输入一个 R 脚本名称的子集。这种情况下, 函数将返回包含搜索项的所有 R 脚本。以下示例说明了使用 ore.scriptList 函数搜索 ORE Script Repository 的一些方法:

```
> # list all the scripts available for the user
> ore.scriptList()
> # list the scripts based on the different types
> ore.scriptList(type="all")
> ore.scriptList(type="user")
> ore.scriptList(type="global")
> ore.scriptList(type="grant")
> ore.scriptList(type="granted")
> ore.scriptList(name="CustomerAge")
> # search for user defined R scripts that contain a string pattern as part
> # of their name
> ore.scriptList(pattern="Cust")
```

另一个可用的 ORE 函数是 ore.scriptLoad。它允许你将包含在用户定义的 R 脚本中的函数加载到本地 R 环境中并赋给它本地函数名称。这样, 不必像前面那样使用嵌入式 R 执行函数之一就可以重用代码。以下示例获取之前创建的 R 脚本 CustomerAge 并将其加载到当前 R 环境中, 同时将此函数命名为 CUSTAGE:

```
> ore.scriptLoad(name="CustomerAge", newname="CUSTAGE")
```

CUSTAGE 现在存在于本地 R 环境中, 可以简化对此函数的调用, 如下所示, 我们给函数传递一个年值作为参数并获取返回的结果:

```
> CUSTAGE(2003)

   CustAge
1     13
```

9.5　使用 SQL API 创建脚本

Oracle R Enterprise 带有一组 SQL 函数, 允许你在 Oracle Database 中的 R Script Repository 中创建和管理脚本。通过针对 Oracle R Enterprise 的 SQL 接口, 仅利用 SQL 便可以使用 R 语言所具有的大量分析和图形特性。任何可以使用 SQL 和 Oracle Database 的应用程序现在都可以包含这一扩展的分析和图形集合。

前一节介绍了各种创建和管理用户定义的 R 脚本的 ORE 函数。这些脚本存储在 Oracle Database 中的 R Script Repository 中。还有一组类似的 SQL 函数, 可以在 Oracle

Database 的 R Script Repository 中创建和管理 R 函数。这些函数列于表 9-2 中。

表 9-2　用于管理用户定义的 R 脚本的 PL／SQL 过程

PL/SQL 过程	描述
sys.rqScriptCreate	在 R Script Repository 中创建所提供的 R 函数
sys.rqScriptDrop	从 R Script Repository 中删除 R 函数/脚本
rqGrant	授予对一个 ORE datastore 或 R Script Repository 中存储的 R 函数/脚本的读取权限
rqRevoke	撤消对一个 ORE datastore 或 R Script Repository 中存储的 R 函数/脚本的读取权限

以下各节展示如何使用这些 SQL 函数在 R Script Repository 中创建和管理 R 脚本。我们将在第 10 章介绍可运行 R 脚本的各种 SQL 函数。

9.5.1　创建一个 R 脚本

在本章的前面部分，你了解了如何使用 ORE 的 R 函数在 Oracle Database 的 R Script Repository 中创建和存储 R 脚本。我们首先要介绍的 ORE SQL 函数是 sys.rqScriptCreate 函数。此函数允许你使用 SQL 在 Oracle Database 中的 R Script Repository 中创建 R 脚本。

sys.rqScriptCreate 函数的语法如下：

```
sys.rqScriptCreate (
    V_NAME VARCHAR2 IN
    V_SCRIPT CLOB IN
    V_GLOBAL BOOLEAN IN DEFAULT
    V_OVERWRITE BOOLEAN IN DEFAULT)
```

sys.rqScriptCreate 函数的结构与本章前面所见的 ore.scriptCreate 函数非常相似。脚本接受四个参数：第一个参数是用户定义的 R 脚本的名称，第二个参数是 R 函数，第三个参数决定用户定义的 R 脚本是本地的还是全局的，第四个参数详细说明是否覆盖现有的用户定义的 R 脚本。第三个参数(V_GLOBAL)和第四个参数(V_OVERWITE)是可选的，它们都有一个默认值 FALSE。以下代码给出了创建用户定义的 R 脚本的示例，该脚本加载一个 ORE datastore 中的一个模型，然后用它创建预测值。然后，该 R 脚本返回实际值以及预测值。

```
BEGIN
    sys.rqScriptCreate('DEMO_LM_APPLY', 'function(dat, ds_name) {
        ore.load(ds_name)
        pre <- predict(mod, newdata=dat, supplemental.cols="alcohol")
        res <- cbind(dat, PRED=pre)
        res <- res[,c("alcohol", "PRED")]
    } ');
END;
```

你会注意到，我们需要将此 ORE SQL 函数称为 PL／SQL 块的一部分，因此在示例中有 BEGIN 和 END 语句。该示例为当前模式在 R Script Repository 中创建了一个名为 DEMO_LM_APPLY 的用户定义的 R 脚本。这个 R 函数包括两个参数。第一个参数是该 R 函数中的代码要使用的数据集，第二个参数是包含用于计算预测值的线性回归模型的 ORE datastore 的名称(此示例假设该模型先前已创建并存储在该 ORE datastore 中；更多详细信息，请参阅第 10 章)。可以看到，没有为 sys.rqScriptCreate 函数的第三个和第四个参数定义任何值。这意味着它只能由运行此代码的模式使用，如果一个 R 脚本已经存在，则它就不会被覆盖。

创建 R 脚本后，我们便可以使用 ORE SQL API 函数(有关这些函数的更多详细信息，请参阅第 10 章)中的一个来运行它。对于这个特定例子，可使用 rqTableEval 函数：

```
select *
from table(rqTableEval(cursor(select * from white_wine),
        cursor(select 1 as "ore.connect", 'DEMO_LM_DS' as "ds_name" from dual),
        'select 1 as "alcohol", 1 as "PRED" from dual',
        'DEMO_LM_APPLY') );


    alcohol      PRED
---------- ----------
        10  9.58434071
      10.6  8.83113972
      10.7   10.378701
        10  9.58434071
      12.5   12.146045
      10.6  8.83113972
      12.8   12.668966
...
```

如果希望你的 R 脚本可供其他人在其 SQL 查询和应用程序中使用，则需要在创建脚本时将 V_GLOBAL 参数设置为 TRUE，如下所示：

```
BEGIN
    sys.rqScriptCreate('DEMO_LM_APPLY', 'function(dat, ds_name) {
        ore.load(ds_name)
        pre <- predict(mod, newdata=dat, supplemental.cols="alcohol")
        res <- cbind(dat, PRED=pre)
        res <- res[,c("alcohol", "PRED")]
    } ', TRUE);
END;
```

在决定把什么 R 脚本创建为全局型时，要小心。如果这不是你希望发生的，则可将 R 脚本创建为私有的(默认)，然后使用 rqGrant 和 rqRevoke 来管理谁可以访问每个用户定义的 R 脚本。

开发和测试 R 脚本进行时，可能需要重新创建它们。要么在 sys.rqScriptCreate 之前使用 sys.rqScriptDrop 函数，要么使用 sys.rqScriptCreate 函数的第四个参数来覆盖现有的 R 脚本。以下示例说明了这一点，并将用户定义的 R 脚本设置为私有的：

```
BEGIN
    sys.rqScriptCreate('DEMO_LM_APPLY', 'function(dat, ds_name) {
```

```
        ore.load(ds_name)
        pre <- predict(mod, newdata=dat, supplemental.cols="alcohol")
        res <- cbind(dat, PRED=pre)
        res <- res[,c("alcohol", "PRED")]
    } ', FALSE, TRUE);
    END;
```

可使用命名的参数并用以下代码行替换了第三个和第四个参数。虽然没有给
V_GLOBAL 参数赋值，但运行代码时，将重新创建 R 脚本并使用 V_GLOBAL 的默认值
(FALSE)：

```
        } ', overwrite => TRUE);
```

9.5.2 删除一个脚本

要从 R Script Repository 中删除用户定义的 R 脚本，可使用 sys.rqScriptDrop 函数。
以下示例展示如何删除先前创建的 DEMO_LM_APPLY 脚本：

```
-- Using the sys.rqScriptDrop function to remove an user defined R script
BEGIN
    sys.rqScriptDrop('DEMO_LM_APPLY');
END;
```

9.5.3 授予和撤消访问权限

你已经看到，当创建用户定义的 R 脚本时，可以选择将脚本创建为私有(默认)的或
是全局的。为能控制谁可以访问和使用你的 R 脚本，可使用 rqGrant 函数为单个用户授
予对脚本的访问权限。

rqGrant 函数也可用于授予 ORE datastore 访问权限。为定义所授的是对用户定义的 R
脚本的访问权，需要使用此函数的第二个参数，即 rqscript。第一个参数是 R 脚本的名称，
第三个参数是要授予访问权限的 Oracle 模式的名称。以下示例说明如何授予 DMUSER
模式对 DEMO_LM_APPLY R 脚本的访问权限：

```
-- Grant the DMUSER user access to the DEMO_LM_APPLY user defined R script
BEGIN
    rqGrant('DEMO_LM_APPLY', 'rqscript', 'DMUSER');
END;
```

如果脚本已经创建为全局的，而你随后又尝试授予单个用户访问权限，则会收到一
条 Oracle 的出错消息，通知你这个情况。

当另一个 Oracle 模式不再需要访问 R 脚本时，可以撤消该模式的访问权限。ORE
函数 rqRevoke 可用于这一目的，它具有与 rqGrant 函数相同的语法和结构，其中第一个
参数是 R 脚本的名称，第二个参数确定正在处理一个 R 脚本，而第三个参数是要被撤消
特权的 Oracle 模式的名称。以下示例说明了撤消 DMUSER 模式对 DEMO_LM_APPLY
函数的访问权限：

```
-- Grant the DMUSER user access to the DEMO_LM_APPLY user defined R script
BEGIN
```

```
    rqRevoke('DEMO_LM_APPLY', 'rqscript', 'DMUSER');
END;
```

9.5.4　用户定义的 R 脚本的数据字典视图

当想要查看 R Script Repository 中有哪些用户定义的 R 脚本时,可以使用表 9-3 中列出的数据字典视图之一来查看。这些数据字典视图允许你查看自己创建或已被授予访问权限的所有 R 脚本,授权要么通过 R 函数 ore.grant 进行,要么是通过 SQL 函数 rqGrant 进行。

```
-- Viewing the scripts in the R Script Repository
select * from all_rq_scripts;
select * from user_rq_scripts;
select * from user_rq_script_privs;
select * from sys.rq_scripts;
select * from sys.rq_scripts where owner='RQSYS';
```

表 9-3　用户定义的 R 脚本的 Oracle 数据字典视图

数据字典视图说明	描述
ALL_RQ_SCRIPTS	包含 R Script Repository 中当前用户可用脚本的详细信息
USER_RQ_SCRIPTS	包含 R Script Repository 中当前用户拥有的脚本的详细信息
USER_RQ_SCRIPT_PRIVS	包含 R Script Repository 中的脚本的详细信息,这些脚本的访问权限已被当前用户授予他人,还包含被授予访问权限的用户
SYS.RQ_SCRIPTS	包含 R Script Repository 中系统脚本的详细信息

9.6　小结

在编写 R 代码时,将代码的若干部分分组为一个确定的单元是非常有用的。通常在 R 中,可以通过创建 R 函数来执行此操作。Oracle R Enterprise 允许你将这些函数存储在 Oracle Database 中并与其他用户共享。这可以通过创建包含 R 函数代码的用户定义的 R 脚本来实现。通过 ORE,可以使用本章所示的 R 函数或使用 SQL 函数来创建用户定义的 R 脚本。一旦将一个用户定义的 R 脚本存储在 Oracle Database 中的 R Script Repository 中,就可以通过多种方式来使用它,包括使用通过 ORE R API 函数调用的嵌入式 R 执行函数或者使用 ORE SQL API 函数。现在可以通过 SQL 来利用 R 语言的庞大分析能力了。这样可以把 R 分析包括在自己开发的应用程序和分析仪表板中。第 10 章提供了如何使用嵌入式 R 执行函数的示例,这些嵌入式 R 执行函数调用用户定义的 R 脚本,包括本章创建的 R 脚本。

第 10 章

嵌入式 R 执行

Oracle R Enterprise 的嵌入式 R 执行特性允许你在 Oracle Database 服务器上运行 R 脚本，从而能够使用 R 语言的大量分析特性来分析和处理数据。通过嵌入式 R 执行，Oracle Database 将产生一个或多个 R 进程。所产生的 R 进程的数量取决于你所使用的 ORE 函数的类型和参数设置。与在客户端机器上使用 R 的传统方法相比，这些 ORE 函数允许你在更短时间内并行处理极大量数据。

Oracle R Enterprise 的嵌入式 R 执行特性自带一组 ORE R 函数和一组 ORE SQL 函数。本章逐一举例说明如何使用这些函数。

10.1 通过 R 接口使用嵌入式 R 执行

Oracle R Enterprise 带有一组 R 特性，它们允许你调用 R 函数并使 Oracle Database 将该函数作为 R 进程在服务器上执行。通过嵌入式 R 执行，这些 R 特性中的一些特性允许你在数据库服务器上创建由数据库动态启动和管理的多个并行 R 进程。

表 10-1 列出了 Oracle R Enterprise 中可用的嵌入式 R 执行函数。

表 10-1　Oracle R Enterprise 中的嵌入式 R 执行函数

R 函数	描述
ore.doEval	执行传递给它的用户定义的 R 脚本，并返回生成的任何结果
ore.tableApply	对所提供的数据集中的所有行执行用户定义的 R 脚本
ore.groupApply	对所提供的数据集的分区执行用户定义的 R 脚本。分区是依据数据集的一个或多个属性定义的，且针对每个分区都可以并行执行
ore.rowApply	对所提供的数据集中的一组行(块)执行用户定义的 R 脚本。针对每个行组(块)都可以并行执行
ore.indexApply	执行用户定义的 R 脚本，不自动传输数据，但提供调用索引(从 1 到 n，其中 n 是调用该函数的次数)。每次调用都支持并行执行

表 10-1 中列出的每个函数都有一个等效的 SQL 函数。这些在本章后面的"通过 SQL 接口使用嵌入式 R 执行"一节中介绍。

10.1.1　如何使用 ore.doEval 函数

ore.doEval 函数是一个很好的通用函数，可在数据库端的 R 引擎中运行用户定义的 R 脚本。特定的 R 代码可以作为参数传递，也可以打包在一个用户定义的 R 脚本中，如第 9 章所述。

下面是 ore.doEval 函数的语法：

```
ore.doEval ( FUN, ..., FUN.VALUE = NULL, FUN.NAME = NULL, FUN.OWNER = NULL);
```

本书的各章中都已经使用了 ore.doEval 函数来对 Oracle Database 服务器和 Oracle R Enterprise 的安装版进行专门的测试。为了说明 ore.doEval 函数的各个方面，下面的例子展示了一些可以使用它的方式。

第一个例子说明的是以最基本形式使用 ore.doEval 函数。我们将一些简单的 R 代码传递给该函数，然后该函数使用 Oracle R Enterprise 的嵌入式 R 执行特性运行此 R 代码。该示例由 ore.doEval 函数的两个调用组成。第一个获取安装在 Oracle Database 服务器上的 R 的当前版本，第二个测试所安装的 R 软件包的版本号(有关如何安装此 R 软件包的详细信息，请参阅第 14 章)。

```
> # Check the version of R install on the Oracle Database server for ORE
> ore.doEval(function() R.Version())
> # Check R package version number. This packages is installed in ORE in Ch14
> ore.doEval(function() packageVersion("e1071"))
```

在此示例中，调用 ore.doEval 函数的结果会返回并显示给用户。在下一个例子中，我们说明如何管理从 ore.doEval 函数返回的值。ore.doEval 函数返回一个 ORE 对象 (ore.object)。在下面的示例中将创建并返回一个字符串。当检查返回的对象时，看到的是一个 ore.object，这意味着生成的结果仍然在 Oracle Database 中，并已通过 ORE 透明层显示出来。

```
> # Managing the format of the returned object
> res <- ore.doEval(function() paste("Hello Brendan", "the time is",
                    format(Sys.time(),"%X")))
> # Display the result
> res
 [1] "Hello Brendan the time is 10:58:46"
> # Check the class of the object
> class(res)
 [1] "ore.object" attr(,"package")
 [1] "OREembed"
```

为使用被返回的对象中的数据，需要将结果的格式从 ORE 对象(ore.object)改为 ORE 数据帧(ore.frame)。为此，需要使用 FUN.VALUE 参数来定义 ORE 数据帧的格式。在下面的示例中对此进行了说明，其中定义了返回结果的数据帧格式：

```
> # Return a ore.frame for the result of the function
> res <- ore.doEval(function() data.frame(paste("Hello Brendan", "the time is",
                    format(Sys.time(),"%X"))),
FUN.VALUE = data.frame(text_string = character(), stringsAsFactors = FALSE))
> # Display the result
> res

                        text_string
1  Hello Brendan the time is 11:03:48

> class(res)
 [1] "ore.frame" attr(,"package")
 [1] "OREbase"
```

可使用 ore.doEval 函数来调用存储在 R Script Repository 中的 R 脚本。第 9 章已经介绍了创建 R 脚本，CustomerAge 是我们创建的 R 脚本之一。该函数根据出生年份计算顾客的大致年龄，出生年份作为参数传递给该函数。除此之外，还需要注意的是你希望调用 ore.doEval 函数所返回的对象的类型。以下示例说明了可能遇到的两种场景，本例的第一部分返回一个 ore.object，第二部分返回一个 ore.frame，因为返回结果的格式已经使用 FUN.VALUE 参数进行了定义。

```
> # Call the script to calculate the age. Returns an ore.object
> ore.doEval(FUN.NAME="CustomerAge", YearBorn=2010)
> res <- ore.doEval(FUN.NAME="CustomerAge", YearBorn=BirthYear) > class(res)
> res

> # Call the script to calculate the age. Returns an ore.frame
> res2 <- ore.doEval(FUN.NAME="CustomerAge", YearBorn=2010,
                     FUN.VALUE=data.frame(Age=1))
> class(res2)
> res2
```

ore.doEval 函数的最后一个特性是 ore.connect 参数，它允许你连接到 Oracle Database 并访问 ORE datastore 中的数据和对象。在以下示例中，我们有一个名为 CustomerAge2 的 CustomerAge 函数的新版本，它可以计算客户年龄和某个参考年龄之间的差异。参考年龄(refAge)是一个存储在名为 ORE_DS 的 ORE datastore 中的变量。

```
> # Create a script to calculate the age difference to a reference value
> ore.scriptDrop("CustomerAge2")
> ore.scriptCreate("CustomerAge2", function (YearBorn) {
        ore.load("ORE_DS", refAge)
        CustAge <- as.numeric(format(Sys.time(), "%Y")) - YearBorn
        data.frame(CustAge-refAge)   } )
```

调用 ore.doEval 函数时，可以给它添加 ore.connect 参数。ore.connect 参数允许该函数连接到当前模式并访问其中包含的 ORE datastore。

```
> # Call the script to calculate the age. Returns an ore.frame
> res3 <- ore.doEval(FUN.NAME="CustomerAge2",YearBorn=BirthYear,
                    FUN.VALUE=data.frame(Age=1),ore.connect=TRUE)
> class(res3)
> res3
```

当使用具有 ore.connect = TRUE 参数设置的 ore.doEval 时，还可以访问模式中的数据。例如，如果要分析的数据存在于模式的表或视图中，则可在 ore.doEval 函数中使用 ore.sync 和 ore.pull 函数来使数据用于分析，如：

```
> # Use data in your schema
# connect to the DMUSER schema
> ore.connect(user="dmuser", service_name="pdb12c", host="localhost",
              password="dmuser", port=1521, all=TRUE)
> # aggregate the data based on AGE attribute
> res4 <- ore.doEval(function(){
            ore.sync(table="MINING_DATA_BUILD_V")
            dat <- ore.pull(ore.get("MINING_DATA_BUILD_V"))
            aggdata <- aggregate(dat$AFFINITY_CARD,
                    by = list(Age = dat$AGE),
                    FUN = length) },
            FUN.VALUE=data.frame(AGE=1, AGE_NUM=1), ore.connect=TRUE)
> res4
```

10.1.2　如何使用 ore.tableApply 函数

ore.tableApply 函数扩展了上一节所介绍的 ore.doEval 函数的能力，它允许在 Oracle Database 的模式中的表中所包含的数据上或通过一个 ORE 数据帧得到的数据上执行 R 代码。

以下是 ore.tableApply 函数的语法：

```
ore.tableApply(X, FUN, ..., FUN.VALUE = NULL, FUN.NAME = NULL, FUN.OWNER = NULL);
```

在上一节中，给出了一些说明如何使用 ore.doEval 函数来处理 ORE 数据帧或模式中的数据的例子。虽然有用，但如果以这种方式处理模式中的数据，则 ore.doEval 函数并不是最优的。相反，ore.tableEval 函数是经优化后专门用来处理这种数据的。以下是一个例子：

```
> # connect to the DMUSER schema
> ore.connect(user="dmuser", service_name="pdb12c", host="localhost",
              password="dmuser", port=1521, all=TRUE)
> # count the number of customers for each AGE
> ageProfile <- ore.tableApply(MINING_DATA_BUILD_V,
                 function(dat) {
                     aggdata <- aggregate(dat$AFFINITY_CARD,
                                          by = list(Age = dat$AGE),
                                          FUN = length)
                 },
                 FUN.VALUE=data.frame(AGE=1, AGE_NUM=1) )
> ageProfile
    AGE AGE_NUM
1    17      18
2    18      21
3    19      32
4    20      32
5    21      26
6    22      42
...
> class(ageProfile)
```

本例说明了如何使用 ore.tableApply 函数对包含在 MINING_DATA_BUILD_V 视图中的记录的 AGE 的每个值进行计数。ore.tableApply 将指定的 ore.frame 中的数据加载到 R 引擎中，并将其作为第一个参数传递给用户函数。然后聚合数据，最终将结果采用由 FUN.VALUE 定义的 ORE 数据帧的格式返回。

也可以使用 ore.tableApply 函数调用 R 脚本。例如，可以编写 R 代码并将其存储为 Oracle Database 中一个脚本。这个 ORE 脚本可以重用于分析工作的其他部分而不必复制或重写在 ore.tableApply 函数中定义的代码，如上例所示。R 脚本也可以合并到应用程序中并在其中使用以便易于部署。以下示例说明如何获得上一个示例中显示的 R 函数代码并将其存储为 ORE 脚本：

```
> # Create a script to aggregate the data based on AGE attribute
> ore.scriptDrop("CustomerAge3")
> ore.scriptCreate("CustomerAge3", function (dat) {
      aggdata <- aggregate(dat$AFFINITY_CARD,
                           by = list(Age = dat$AGE),
                           FUN = length) } )
```

现在可在 ore.tableApply 函数中使用该脚本了，如下所示。被定义为第一个参数的表或视图被传递给函数调用。就像前面的例子一样，输出的是通过 FUN.VALUE 将格式定义为 ORE 数据帧的返回结果。

```
> # using ore.tableApply to call a script age
```

```
> Profile2 <- ore.tableApply(MINING_DATA_BUILD_V,
                             FUN.NAME="CustomerAge3",
                             FUN.VALUE=data.frame(Age=1, x=1) )
> class(ageProfile2)
> head(ageProfile2)
```

ore.tableApply 函数可以高效地在 Oracle 模式的表或视图中的数据上执行由多条 R 命令组成的函数。ORE 函数 ore.doEval 和 ore.tableApply 是通过对内存中的整个数据执行单个 R 进程而串行地运行的；因此，需要注意确保 R 进程不占用 Oracle Database 服务器上的大部分可用内存。而以下各节中所涵盖的其他嵌入式 R 函数则可以并行执行。

10.1.3　如何使用 ore.groupApply 函数

ore.groupApply 函数允许你首先依据数据集中的一个或多个属性对数据进行分区，然后对该数据集进行处理。所提供的 R 函数代码将应用于数据集的每个分区，这些分区与用于对数据集进行分区的属性值相对应。例如，假设我们将属性 STATE 作为对数据集进行分区的依据，如果此属性中包含的值是针对美国的，将有 50 个不同的值。这意味着所提供的 R 函数代码将应用于 STATE 的每个值所对应的记录。用于分割数据集的属性由 INDEX 参数指示。

以下是 ore.groupApply 函数的语法：

```
ore.groupApply(X, INDEX, FUN, ..., FUN.VALUE = NULL,
               FUN.NAME = NULL, FUN.OWNER = NULL,
               parallel = getOption("ore.parallel", NULL))
```

ore.groupApply 函数是一组 ORE 函数中的一个，这组函数还包括 ore.rowApply 函数和 ore.indexApply 函数，该函数可在数据库服务器上生成多个并行的嵌入式 R 进程。这样便允许将数据集分成较小的部分，并且每个嵌入式 R 进程都将处理一个较小部分。相对于顺序处理，这样能更快地处理整个数据集。

下例说明了 ore.groupApply 函数的用法。此示例使用其他章节中用过的葡萄酒数据集，说明如何计算数据集的一个属性(residual.sugar)的平均值，而该数据集被依据另一个属性(质量)进行了分组或分区。用来分区的属性作为 ore.groupApply 函数的第二个参数被传递。

```
> # calculate the mean Residual Sugar for each category of Wine Quality
> avgAge <- ore.groupApply(WHITE_WINE, WHITE_WINE$quality, function(dat){
            avgSugar <- mean(dat$residual.sugar)
            data.frame(unique(dat$quality), avgSugar) },
            FUN.VALUE=data.frame(QUALITY=1, AVG_SUGAR=1))
> class(avgAge)
> avgAge
   QUALITY  AVG_SUGAR
1        3   6.392500
2        4   4.628221
3        5   7.334969
4        6   6.441606
5        7   5.186477
```

```
6        8   5.671429
7        9   4.120000
```

本示例说明了基于数据集中其他属性之一对该数据集进行分区。当使用更先进的分析技术和各种机器学习算法时，基于较小的分区构建和应用这些模型是非常有用的。这些较小的分区可以基于多个属性。以下示例说明了如何基于两个属性进行分区，你还可以看到增加这一列表的内容是多么容易：

```
> # calculate the mean Residual Sugar for each category of Wine Quality
> avgAge2 <- ore.groupApply(WHITE_WINE, WHITE_WINE[,c("quality", "alcohol")],
              function(dat){
                  avgSugar <- mean(dat$residual.sugar)
                  data.frame(unique(dat$quality), unique(dat$alcohol), avgSugar) },
              FUN.VALUE=data.frame(QUALITY=1, ALCOHOL=1, AVG_SUGAR=1))
> avgAge2
    QUALITY   ALCOHOL  AVG_SUGAR
1         3  8.000000   5.100000
2         3  8.500000   1.600000
3         3  9.100000   7.600000
4         3  9.400000   1.550000
5         3  9.600000   1.400000
6         3  9.700000  11.100000
...
```

在使用所有这些能在数据库服务器上生成多个嵌入式 R 进程的 ORE 函数时，要小心地限制将生成的 R 进程的数量。

10.1.4 如何使用 ore.rowApply 函数

ore.rowApply 函数允许我们通过将数据划分为固定大小的块来处理数据集。通过这样做，可以创建较小的数据块，并且每一个较小的块都将基于函数中提供的 R 代码进行处理。ore.rowApply 函数是可以并行处理数据的另一种 ORE 嵌入式函数。有关此并行特性，请参阅本章后面的"并行执行嵌入式 R 函数"一节。当启用并行处理时，ore.rowApply 函数将在 Oracle 服务器上生成多个嵌入式 R 进程，每个进程处理一个已创建的数据块，从而允许大规模地并行处理数据。

以下是 ore.rowApply 函数的语法：

```
ore.rowApply(X, FUN, ..., FUN.VALUE = NULL,
             FUN.NAME = NULL, FUN.OWNER = NULL, rows = 1,
             parallel = getOption("ore.parallel", NULL))
```

以下示例说明了如何使用 ore.rowApply 函数。本示例使用第 8 章中开发的一种线性回归模型。此模型存储在一个 ORE datastore 中。以下代码在第 8 章中介绍过，并附有一条将线性回归模型存储在 ORE datastore 中的语句。这样做是为让这个模型在以后的阶段能被重用：

```
> # ore.lm model created in chapter 8
> LMmodel <- ore.lm(alcohol  ~., data=WHITE_WINE)
> LMmodel
```

```
> summary(LMmodel)
> # save the model to an ORE data store
> ore.save(LMmodel, name="MODELS_DS")
```

现在可在 ore.rowApply 函数中使用此线性回归模型对数据集进行评分了。为应用将要创建的多个嵌入式 R 进程，我们可以将要处理的数据集划分成多个块。这些分区都是基于确定的记录数来划分的，记录数由 rows 参数指定。在以下示例中，rows 参数被设置为 500 条记录：

```
> amtAlcohol <- ore.rowApply(WHITE_WINE,function(dat){
                 ore.load("MODELS_DS", list="LMmodel")
                 LMscored <- predict(LMmodel, newdata=dat)
                 lm Res <- cbind(dat, LMscored)
                 res<- data.frame(alcohol=lmRes$alcohol, lmRes$LMscored)
                 res },
              FUN.VALUE=data.frame(alcohol=1, LMscored=1),
              ore.connect=TRUE,
              rows=500)
```

ore.rowApply 函数把将要处理的数据集的名称作为第一个参数。该函数执行的第一步是从名为 MODELS_DS 的 ORE datastore 中加载所保存的模型。为实现这一点，需要设置参数 ore.connect = TRUE；随后使用线性回归模型 LMmodel 对数据集进行评分；最后，将原始数据集与得分值组合，并选择作为函数结果返回的变量。FUN.VALUE 参数用于定义返回的 ORE 数据帧的格式。在本例中，所定义的是一个由两个名为 alcohol 和 LMscored 的变量组成的 ORE 数据帧。如果没有为 FUN.VALUE 参数定义值，那么结果将作为 ORE 列表返回，并且需要额外的处理来将其转换为数据帧。

可以做一个有趣的实验，通过删除 FUN.VALUE 参数来查看每个嵌入式 R 进程的结果。当运行 ore.rowApply 函数时，会看到所返回的结果是每个嵌入式 R 进程的值的列表。

10.1.5　如何使用 ore.indexApply 函数

ore.indexApply 函数允许按照由一个索引值定义的次数来多次处理数据集。ore.indexApply 函数执行的次数由其 index 参数定义。该函数中包含的 R 代码将在每个分区上执行。

以下是 ore.indexApply 函数的语法：

```
ore.indexApply(times, FUN, ..., FUN.VALUE = NULL,
               FUN.NAME = NULL, FUN.OWNER = NULL,
               parallel = getOption("ore.parallel", NULL))
```

以下示例说明如何使用 ore.indexApply 函数。此示例将从所提供的数据集中随机抽取记录。数据集 CUSTOMERS_USA 是在第 3 章中创建的。第一个参数是索引值。设置这个参数值为 5。参数 dat 定义要使用的数据集；参数 samplePercent 定义在每个索引执行期间随机采样的记录的百分比。将为每个索引执行生成一个不同的样本。该示例的输出是一个 ORE 列表，其中包含五次执行中每一次的随机抽样数据。

```
> idxSample <- ore.indexApply(5, function(index, dat,samplePercent){
```

```
                    set.seed(index)
                    # calculate the sample size
                    SampleSize <- nrow(dat)*(samplePercent/100)
                    # Create an index of records for the Sample
                    Index_Sample <- sample(1:nrow(dat), SampleSize)
                    group <- as.integer(1:nrow(dat) %in% Index_Sample)
                    # Create a sample data set
                    sampleData <- dat[group==TRUE,]
                 res <- data.frame(sampleData[,1:4]) },
                 dat=CUSTOMERS_USA,
                 samplePercent=20)
> idxSample
```

此示例的输出是一个 ORE 列表，你可能需要将其转换为一个数据帧。这可使用 FUN.VALUE 参数来完成，将返回的 ORE 列表(前面的示例中由 idxSample 引用)转换为数据帧。

10.1.6　并行执行嵌入式 R 函数

在前面的各节中提到，ore.groupApply、ore.rowApply 和 ore.indexApply 函数可在 Oracle Database 服务器上生成多个嵌入式 R 进程以便并行处理数据。当查看这些函数的语法时，将看到它们都有一个具有以下格式的并行参数：

```
parallel = getOption("ore.parallel", NULL)
```

此默认参数设置针对环境变量 ore.parallel 的当前设置的值检查当前的 R 环境。默认情况下，当连接到 ORE 时，此环境变量将根据环境被设置为 FALSE 或 NULL。这意味着不会产生并行进程，相反，ore.groupApply、ore.rowApply 和 ore.indexApply 函数将使用单个 R 引擎顺序地运行。要启用这些函数的并行执行功能，需要将此并行特性打开。可通过将该 R 环境变量设置为大于 1 的数字来实现。例如，使用以下 R 命令将 ore.parallel 设置为 8：

```
> options("ore.parallel" = 8)
```

或者，可以不设置特定值，而给其赋值为 TRUE，这样使用的将是 Oracle Database 的默认并行度：

```
> options("ore.parallel" = TRUE)
```

接下来需要做的是激活 ore.groupApply、ore.rowApply 或者 ore.indexApply 函数，使之能够使用。基于并行参数的语法，函数将自动拾取 ore.parallel 的设置。如果 ore.parallel 已被设置为 TRUE 或某个数字，则这是该函数将使用的。反之，为了激活该函数的并行执行，可以将 parallel 参数设置为一个值，也可以将其设置为 TRUE 以便使用数据库默认的并行度。以下示例显示了上一节中的 ore.indexApply 函数，它现在包括 parallel 参数：

```
> idxSample <- ore.indexApply(5, function(index, dat,samplePercent){
                    set.seed(index)
                    # calculate the sample size
                    SampleSize <- nrow(dat)*(samplePercent/100)
```

```
                          # Create an index of records for the Sample
                          Index_Sample <- sample(1:nrow(dat), SampleSize)
                          group <- as.integer(1:nrow(dat) %in% Index_Sample)
                          # Create a sample data set
                          sampleData <- dat[group==TRUE,]
                          res <- data.frame(sampleData[,1:4])
                       },
                       dat=CUSTOMERS_USA,
                       samplePercent=20,
                       parallel=TRUE)
```

10.2　通过 SQL 接口使用嵌入式 R 执行

Oracle R Enterprise 提供了一组 SQL 特性，可在 SQL 和 PL / SQL 代码中调用 R 代码。这些 SQL 特性包括许多 API，可以使用 Oracle R Enterprise 的嵌入式 R 执行特性访问和运行 R 代码。在本章的前半部分，我们使用 R 的 API 研究了 ORE 嵌入式 R 执行函数。表 10-2 列出了 ORE SQL API 函数。你将看到，除了 ore.indexApply 函数之外，每个 ORE R 函数都有一个与之等效的 SQL API 函数。在本节中，我们将逐一介绍每个 ORE SQL API 函数以及如何使用它们来运行 R 代码。

我认为，这是 Oracle R Enterprise 最强大的特性之一。通过使用 ORE SQL API 函数，可将大量的 R 语言的分析功能应用到可在 Oracle Database 上运行 SQL 的任何应用程序上。除了 R 中可用的大量分析之外，ORE SQL API 函数还允许你将在 R 中创建的图形添加到应用程序中。

再说一遍，没有与 ore.indexApply 函数等效的 SQL API 函数。

使用这些 ORE SQL API 函数时，需要两个步骤。第一步是创建一个包含要运行的 R 函数代码的 ORE 脚本。第二步是编写一条 SQL SELECT 语句，该语句使用一个 ORE SQL API 函数来运行 ORE 脚本并返回结果。

10.2.1　如何使用 rqEval SQL 函数

我们首先要讨论的 SQL API 函数是 rqEval。它相当于 ore.doEval R 函数。此函数执行 R 脚本，传递任何必要的参数。

rqEval 函数具有如下语法：

```
rqEval (
   PAR_CUR REF CURSOR IN
   OUT_QRY VARCHAR2 IN)
   EXP_NAM VARCHAR2 IN)
```

表 10-2　可使用嵌入式 R 执行的 SQL API 函数

SQL API	与 ORE 等效的函数	描述
rqEval	ore.doEval	执行传递给它的用户定义的 R 脚本，并返回生成的任何结果
rqTableEval	ore.tableApply	在所提供的数据集的所有行上执行函数或脚本

(续表)

SQL API	与 ORE 等效的函数	描述
"rqGroupEval"	ore.groupApply	在所提供的数据集的分区上执行函数或脚本。分区是依据数据集的一个或多个属性来定义的。针对每个分区都支持并行执行。 注意：没有专门的名为"rqGroupEval"的函数。所以，必须以特定方式为数据定义此函数
rqRowEval	ore.rowApply	在所提供的数据集中确定的一组行(块)上执行函数或脚本。针对每组行(块)都支持并行执行

表 10-3 介绍了 SQL API 函数 rqEval 的参数。

为了说明如何使用 SQL API 函数 rqEval，我们将使用与说明 ore.doEval 函数时所用的相同的示例。这些示例中的第一个是创建用于计算客户大致年龄的函数。将当前的出生年份作为参数传递给此函数。在 ore.doEval 一节中创建了一个名为 CustomerAge 的脚本并将其存储在 Oracle Database 中。虽然此脚本是使用 ORE R 接口创建的，但也可以使用 SQL API 函数进行访问。例如，以下 SQL 查询调用 CustomerAge 函数并传递参数出生年份 2005 年。我们编写的 SELECT 语句定义了要传递给 R 脚本的参数，定义了返回的数据集的格式以及 R 脚本的名称。

```
select * from table(rqEval(cursor(select 2005 "YearBorn" from dual),
                    'select 1 CustAge from dual',
                    'CustomerAge') );
    CUSTAGE
----------
        11
```

表 10-3　SQL API 函数 rqEval 的参数

参数名称	描述
PRA_CUR	这是一个游标，其中包含传递给由 EXP_NAM 参数命名的 R 脚本的附加参数值
OUT_QRY	指定返回结果的格式。具体格式及其值如下： **NULL**：返回数据和任何图像对象 **一条 SQL 的 SELECT 语句**：将列出 rqEval 函数返回的表的列名(和数据类型)。如果一个图像已经被创建，则将被忽略而不会在这个特定场景中返回。表格式可以基于现有的表结构，也可以基于使用 DUAL 表创建结果的结构 **XML**：用于指定作为返回结果的表和所创建的所有图像都要以 XML 格式返回。如果查询结果中包含 CLOB，就需要使用 XML 格式 **PNG**：当结果包含一个 BLOB，且该 BLOB 又包含一个在 R 脚本中创建的图像时，可以使用此格式
EXP_NAM	ORE 脚本的名称

下一个示例 rqEval 函数将使用前面的打印"Hello Brendan"语句的示例。在使用

ore.doEval 函数的场景中，当编写代码时，并没有为此编写一段脚本。我们能够把该函数代码包含进对 ore.doEval 函数的调用中。当想要使用 SQL API 函数做类似的事情时，便需要创建一个运行所需代码的 R 脚本然后将其保存到 R Script Repository 中。以下代码说明了如何为此示例创建 ORE 脚本：

```
BEGIN
    --sys.rqScriptDrop('HelloBrendan');
    sys.rqScriptCreate('HelloBrendan',
        'function() {
            res<-data.frame(paste("Hello Brendan", "the time is",
format(Sys.time(),"%X")))
            res
        } ');
END;
```

因为此 R 脚本没有任何参数，所以可以使用 NULL 作为 rqEval 函数调用中的第一个参数。第二个参数定义了输出格式。在本例中，是可以定义其长度的字符串。第三个参数是 ORE 脚本的名称。

```
-- Call the HelloBrendan ORE script
select * from table(rqEval(NULL,
                    'select cast(''a'' as varchar2(35)) "Ans" from dual',
                    'HelloBrendan') );

Ans
----------------------------------
Hello Brendan the time is 15:19:32
```

10.2.2　如何使用 SQL 函数 rqTableEval

当希望 R 脚本处理多行数据时，则必须使用 SQL API 函数 rqTableEval。此函数允许将多个记录或从 SELECT 语句得到的行作为参数(INP_CUR)传递给 ORE 脚本。R 脚本的附加参数也可以作为一个游标传递。

SQL API 函数 rqTableEval 具有以下语法：

```
rqTableEval (
    INP_CUR REF CURSOR IN
    PAR_CUR REF CURSOR IN
    OUT_QRY VARCHAR2 IN
    EXP_NAM VARCHAR2 IN)
```

表 10-4 介绍了 SQL API 函数 rqTableEval 的参数。

说明 rqTableEval 函数用法的第一个例子是对 DMUSER 模式中的 MINING_DATA_BUILD_V 表的数据执行聚合。该数据集在第 7 章中使用过，因此可参考该章了解如何创建此数据。第一步是创建和定义 R 脚本来执行聚合：

```
BEGIN
    --sys.rqScriptDrop('AgeProfile1');
    sys.rqScriptCreate('AgeProfile1',
        'function(dat) {
```

```
        aggdata <- aggregate(dat$AFFINITY_CARD,
                             by = list(Age = dat$AGE),
                             FUN = length)
    } ');
END;
```

表 10-4　SQL API 函数 rqTableEval 的参数

属性名称	描述
INP_CUR	这是定义要传递给 R 脚本并由该 R 脚本使用的数据的游标。它在 R 脚本的第一个参数中作为一个 data.frame 传递
PAR_CUR	这是一个游标，其中包含传递给由 EXP_NAM 参数命名的 R 脚本的附加参数值
OUT_QRY	指定返回结果的格式。这些格式及其值包括以下内容： ● **NULL**：返回数据和任何图像对象 ● **一条 SQL 的 SELECT 语句**：列出 rqTableEval 函数返回的表的列名(和数据类型)。如果一个图像已经被创建，则将被忽略而不会在这个特定场景中被返回。表格格式可以基于现有的表结构，也可以基于使用 DUAL 表创建的结构 ● **XML**：用于指定作为返回结果的表和所创建的所有图像都要以 XML 格式返回。如果查询结果中包含 CLOB，便需要使用 XML 格式 ● **PNG**：当结果包含一个 BLOB，且该 BLOB 又包含一个在 R 脚本中创建的图像时，可以使用此格式
EXP_NAM	R 脚本的名称

现在可以使用 oreTableEval 函数调用此 R 脚本了。第一个参数定义输入数据集，可以定义为针对表或视图上的一条 SELECT 语句。因为 AgeProfle1 脚本除了输入数据集之外没有任何附加参数，第二个参数(PAR_CUR)被设置为 NULL。第三个参数(OUT_QRY)由定义输出中列的标题的 SELECT 语句来定义。最后一个参数是 R 脚本的名称。

```
select
*
from table(rqTableEval(cursor(select * from MINING_DATA_BUILD_V),
                  NULL,
                  'select 1 AGE, 1 AGE_NUM from dual',
                  'AgeProfile1') );

       AGE    AGE_NUM
---------- ----------
        17         18
        18         21
        19         32
        20         32
        21         26
        22         42
        23         41
...
```

除了使用 R 语言的分析能力外，还可以使用 R 的图形功能生成图表。然后，可使用 SQL API 函数将这些图表和图形应用到应用程序中，该函数以 XML 或 PNG 格式返回这些对象。为说明这个能力,可扩展 AgeProfile1 函数,使之生成一个绘制每个年龄的人数的图表。将这个扩展了的函数称为 AgeProfile2。第一步是创建 ORE 脚本:

```
BEGIN
   --sys.rqScriptDrop('AgeProfile2');
   sys.rqScriptCreate('AgeProfile2',
     'function(dat) {
         aggdata <- aggregate(dat$AFFINITY_CARD,
                         by = list(Age = dat$AGE),
                         FUN = length)
         res <- plot(aggdata$Age, aggdata$x, type = "l")
     } ');
END;
```

当使用 rqTableEval 函数调用此 R 脚本时,可指定从 R 脚本返回的结果的格式。因为结果是一个图表,所以可将其指定为 PNG 格式,如以下 SELECT 语句所示:

```
select  * from table(rqTableEval(cursor(select * from MINING_DATA_BUILD_V),
             NULL,
             'PNG',
             'AgeProfile2'));
NAME
-------------------------------------------------------------------------------- ID
----------
IMAGE
-------------------------------------------------------------------------------
     1
89504E470D0A1A0A0000000D49484452000001E0000001E008060000007DD4BE9500002000494441
54789CEDDD797494F5BD3FF0F79305421632210B181609C90448D15A542C138522B46CB5B66CAD5A
```

rqTableEval 函数返回 PNG 格式的图表作为 BLOB 数据类型。可以轻松地将此图表包含在应用程序中。图 10-1 显示了由该 ORE 脚本创建的图表。当在 SQL Developer 中检查返回的结果时,可以轻松地查看此 BLOB 对象。

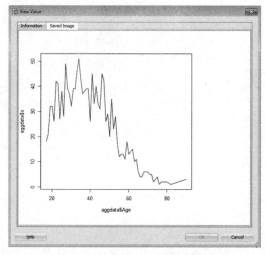

图 10-1 作为 BLOB 数据类型返回的 AgeProfile2 图表(使用 SQL Developer 查看)

我在 SQL 中使用 rqTableEval 函数的最常见方式之一是在数据上构建和应用数据挖掘模型。第 7 章中介绍了如何使用数据库自带的 Oracle Data Mining 算法构建和使用数据挖掘模型；第 8 章中介绍了如何使用 ORE 数据挖掘算法。这两章所涵盖的例子都使用 R 语言。根据目前的技术基础架构，你可能希望使用 ORE SQL API 函数构建和应用利用 R 中的功能创建的数据挖掘模型。为说明这一点，以下示例在 WHITE_WINE 数据集上构建并应用了一个线性回归模型。

这个过程的第一阶段是构建线性回归模型。与前面的例子一样，有两个步骤。这些步骤中的第一个步骤是创建一个包含用于创建模型的 R 代码的 R 脚本。由于这个 R 脚本产生的模型我们以后还要使用，所以需要保存这个模型。我们将该模型保存到称为 DMEMO_LM_DS 的 ORE datastore 中。以下代码是用于创建和存储 WHITE_WINE 数据集的线性回归模型的 R 脚本。然后用 SELECT 查询运行该脚本，接下来创建模型并存储它。

```
--Phase 1: Creating the Data Mining model
-- Create a Linear Regression model and store in an ORE data store
BEGIN
    --sys.rqScriptDrop('DEMO_LM');
    sys.rqScriptCreate('DEMO_LM',
        'function(dat, ds_name) {
            mod <- lm(alcohol  ~., data=dat)
            ore.save(mod, name=ds_name, overwrite=TRUE)
        } ');
END;
-- Now you need to run the DEMO_LM ORE script to create the model
select *
from table(rqTableEval(cursor(select * from white_wine),
            cursor(select 1 as "ore.connect", 'DEMO_LM_DS' as "ds_name" from dual),
            'XML',
            'DEMO_LM') );
```

第二阶段是使用刚创建的线性回归模型并将其应用于新数据。在以下示例中，重新使用 WHITE_WINE 数据集。同样有一个两个步骤的过程。第一步是创建一个从 ORE datastore 检索线性回归模型然后将该模型应用于输入数据集的脚本。第二步使用一个 SELECT 查询来调用该 R 脚本并执行 R 脚本中指定的命令。然后，将该脚本的输出显示给用户。本实例的输出包括原始酒精量和预测的酒精量。

```
-- Phase 2: Applying the Data Mining model
-- Create the script that applies the stored model to new data
--  Return the actual value and the predicted value
BEGIN
    sys.rqScriptDrop('DEMO_LM_APPLY');
    sys.rqScriptCreate('DEMO_LM_APPLY',
        'function(dat, ds_name) {
            ore.load(ds_name)
            pre <- predict(mod, newdata=dat, supplemental.cols="alcohol")
            res <- cbind(dat, PRED=pre)
            res <- res[,c("alcohol", "PRED")]
        } ');
```

```
END;
-- Run the apply script on the new data
select *
from table(rqTableEval(cursor(select * from white_wine),
            cursor(select 1 as "ore.connect", 'DEMO_LM_DS' as "ds_name" from dual),
            'select 1 as "alcohol",1 as "PRED" from dual',
            'DEMO_LM_APPLY') );
    alcohol        PRED
---------- ------------
        10  9.58434071
      10.6  8.83113972
      10.7    10.378701
        10  9.58434071
      12.5    12.146045
      10.6  8.83113972
      12.8    12.668966
...
```

10.2.3　如何使用 SQL 函数 "rqGroupEval"

从技术角度看，若按照其他 SQL API 函数的方式来衡量的话，并没有"rqGroupEval"函数。虽然你会在各种文档和网站中看到对该函数的引用，但它们指的是"rqGroupEval"函数的概念，而这会导致很多混乱。

与提供一个"rqGroupEval"函数相反，Oracle 的做法是提供一个框架和一个 SQL 对象来允许你定义和创建自己的"rqGroupEval"函数。以下是完成创建你自己的"rqGroupEval"函数所需的步骤：

- 创建包含要执行的 R 代码的用户定义的 R 脚本。
- 为输入数据集定义一个数据类型结构。
- 定义一个 PL / SQL 函数(即"rqGroupEval"函数的等价体)、参数(如表 10-5 所示)以及用于对数据进行聚类或分组的属性。还可以指定是否并行使用该函数。
- 编写自己的 SQL 语句，调用刚创建的"rqGroupEval"函数。

按照这些步骤，首先需要创建用户定义的 R 脚本。前面已经给出了许多关于如何使用 sys.rqScriptCreate 函数创建 R 脚本的示例。以下示例基于与本章前面使用 ore.groupApply 函数时相同的场景。该示例基于每组属性计算平均残留糖值。以下是用于创建 R 脚本的 PL / SQL 代码：

```
BEGIN
    --sys.rqScriptDrop('DEMO_GROUP_EVAL');
    sys.rqScriptCreate('DEMO_GROUP_EVAL',
        'function(dat) {
            dat$AVG_SUGAR <- mean(dat$residual.sugar)
            res <- dat[,c("alcohol", "residual.sugar", "AVG_SUGAR")]
        } ');
END;
```

第二步，需要为输入数据集创建一个数据结构。在本示例中，输入数据集将是我们的模式中的 WHITE_WINE 表中的所有数据，我们将使用%ROWTYPE 来定义记录的结构：

```
CREATE OR REPLACE PACKAGE WhiteWinePkg AS
    TYPE cur IS REF CURSOR RETURN WHITE_WINE%ROWTYPE;
END WhiteWinePkg;
```

第三步是定义"rqGroupEval"的等价体。在下面的代码中，我们创建一个名为 My_GroupEval 的函数。此函数基于一个名为 rqGroupEvalImpl 的 SQL 对象，而此 SQL 对象在 SQL 中定义。

```
CREATE OR REPLACE FUNCTION My_GroupEval(
    inp_cur WhiteWinePkg.cur,
    par_cur SYS_REFCURSOR,
    out_qry VARCHAR2,
    grp_col VARCHAR2,
    exp_txt CLOB)
RETURN SYS.AnyDataSet
PIPELINED PARALLEL_ENABLE (PARTITION inp_cur BY HASH ("alcohol"))
CLUSTER inp_cur BY ("alcohol")
USING rqGroupEvalImpl;
```

定义自己的函数时，需要允许使用表 10-5 中所描述的输入参数，并遵循与其他 SQL API 函数类似的格式和描述。

表 10-5 SQL API 函数"rqGroupEval"的参数

属性名称	描述
INP_CUR	这是定义要传递给 R 脚本并由其使用的数据的游标。它在 R 脚本的第一个参数中作为一个 data.frame 传递
PAR_CUR	这是一个游标，其中包含传递给由 EXP_NAM 参数命名的 ORE 脚本的附加参数值
OUT_QRY	指定返回结果的格式。这些格式及其值包括以下内容： • **NULL**：返回数据和任何图像对象 • **一条 SQL 的 SELECT 语句**：列出该函数返回的表的列名(和数据类型)。如果一个图像已经被创建，则将被忽略而不会在这个特定场景中被返回。表的格式可以基于现有的表结构，也可以基于使用 DUAL 表创建结果的结构 • **XML**：用于指定作为返回结果的表和所创建的所有图像都要以 XML 格式返回。如果查询结果包含一个 CLOB，就需要使用 XML 格式 • **PNG**：当结果包含一个 BLOB，且该 BLOB 又包含一个在 R 脚本中创建的图像时，可以使用此格式
GRP_COL	将用于对数据分区进行分组的列的名称
EXP_NAM	R 脚本的名称

除了定义自己的 GroupEval 函数的结构之外，还可以指定函数是否可以并行运行(参见以 PIPELINED 开头的那一行)。此外，我们需要定义将用于对数据进行聚类的列。

提示

如果要依据多个属性进行分组时，是不能逐一列出这些属性的。相反，应该将这些属性合并或组合到一个属性中。

该过程的最后一步是编写 SELECT 语句，该语句调用"rqGroupEval"函数、传递所有参数并定义返回结果和/或数据集的格式。下面的 SELECT 语句说明如何调用刚创建的 My_GroupEval 函数：

```
SELECT *
FROM table(MY_GroupEval(
        cursor(SELECT * FROM WHITE_WINE),
        NULL,
        'select 1 as "alcohol", 1 as "residual_sugar", 1 as "Avg_Sugar" from dual',
        'alcohol',
        'DEMO_GROUP_EVAL'));
```

10.2.4　如何使用 SQL 函数 rqRowEval

rqRowEval 函数经专门设计，允许处理数据集的不同的块，并将确定的 R 脚本应用于每个分区。数据集的分块根据要包含在每个分区中的记录数量来定义。分区的大小由 rqRowEval 函数的 ROW_NUM 参数的值确定。SQL 函数 rqRowEval 等效于本章前面部分所示的 ORE 函数 ore.rowApply。

SQL API 函数 rqRowEval 具有以下语法：

```
rqRowEval (
    INP_CUR REF CURSOR IN
    PAR_CUR REF CURSOR IN
    OUT_QRY VARCHAR2 IN
    ROW_NUM NUMBER IN
    EXP_NAM VARCHAR2 IN)
```

表 10-6 说明了 SQL API 函数 rqRowEval 的参数。

表 10-6　SQL API 函数 rqRowEval 的参数

属性名称	描述
INP_CUR	这是定义要传递给 ORE 脚本中定义的 R 代码并由其使用的数据的游标
OUT_QRY	指定返回结果的格式。这些格式及其值包括以下内容： ● **NULL**：返回数据和任何图像对象 ● **一条 SQL 的 SELECT 语句**：列出 rqRowEval 函数返回的表的列名(和数据类型)。如果一个图像已经被创建，则将被忽略而不会在这个特定场景中被返回。表的格式可以基于现有的表结构，也可以基于使用 DUAL 表创建的结构 ● **XML**：用于指定作为返回结果的表和所创建的所有图像都要以 XML 格式返回。如果查询结果包含一个 CLOB，就需要使用 XML 格式
OUT_QRY	● **PNG**：当结果包含一个 BLOB，且该 BLOB 又包含一个在 R 脚本中创建的图像时，可以使用此格式
ROW_NUM	每次调用 R 脚本时要包含的行数
EXP_NAM	R 脚本的名称

在本章的前面有关如何使用 ore.rowApply 函数的那一节中，给出了一个如何将线性回归模型应用于 WHITE_WINE 数据集的示例。该数据集被按每 500 条记录一块进行划分。使用 rqRowEval 函数时可采用类似的方法。以下示例使用与 ore.rowApply 函数完全相同的例子。将要使用的 R 代码包含在 R 脚本 DEMO_LM_APPLY 中。这个 R 脚本是在本章的关于 rqTableEval 函数的那一节中创建的。ORE 脚本 DEMO_LM_APPLY 包含从名为 MODELS_DS 的 ORE datastore 中加载线性回归模型。然后将 LMmodel 应用于提供给 R 脚本的数据集。在以下示例中，此数据将由 WHITE_WINE 数据集的分块组成，每块 500 条记录：

```
select *
from table(rqRowEval(cursor(select * from white_wine),
        cursor(select 1 as "ore.connect", 'DEMO_LM_DS' as "ds_name" from dual),
        'select 1 as "alcohol", 1 as "PRED" from dual',
        500,
        'DEMO_LM_APPLY') );
```

可添加一个调用以便使用 Oracle Database 的并行处理特性。使用此特性时，需要进行测试以找到要使用的最佳的并行度。当数据集很小时，串行处理数据可能会更好，因为管理并行处理的开销可能会很大。但当数据集很大时，可以指定最佳的并行度。以下示例说明了如何将并行度添加到上一个使用 rqRowEval 函数的示例中：

```
select *
from table(rqRowEval(cursor(select /*+ parallel(w,4) */ * from white_wine w),
        cursor(select 1 as "ore.connect", 'DEMO_LM_DS' as "ds_name" from dual),
        'select 1 as "alcohol", 1 as "PRED" from dual',
        500,
        'DEMO_LM_APPLY') );
```

10.3　小结

Oracle R Enterprise 具有 R 和 SQL 两种接口，二者都能使用嵌入式 R 执行特性。嵌入式 R 执行允许编写随后可以针对在 Oracle Database 中定义的数据运行的 R 函数。这些函数中的一些允许在 Oracle Database 服务器上创建多个 R 进程，并且每个并行进程可用于处理正在处理的整个数据集的一个子集。这样就允许你通过使用数据库服务器的计算资源，分析比通常使用传统 R 编程环境时大得多的数据量。

对于我来说，Oracle R Enterprise 的主要特性之一是 SQL API 接口集。这些 SQL 接口函数允许调用已在 Oracle Database 中定义的 R 脚本。这可以大大地扩展 R 语言中可用的分析。除了 R 语言的分析能力之外，还可以使用 R 语言的一些绘图能力。通过使用这些 ORE SQL API 函数，可以轻松地在传统应用程序以及由 OBI 生成的分析仪表板中包含大量的分析和绘图能力，以及构建使用 APEX、ADF 的定制的应用程序，等等。基本上，任何可以调用 SQL 的工具或语言都可以使用 R 语言的分析和绘图特性。

第 11 章

针对 Hadoop 的 Oracle R Advanced Analytics

Oracle R Advanced Analytics for Hadoop(针对 Hadoop 的 Oracle R Advanced Analytics)(ORAAH)是 Oracle Big Data Connectors (Oracle 大数据连接器)的组成部分之一。ORAAH 提供了一组 R 函数,允许你使用 Hive 的透明性连接和操作 HDFS 上存储的数据。ORAAH 允许你构建 map-reduce 分析并通过 R 接口使用预包装算法。此外,你可以与 Apache Spark、其他工具以及语言进行集成,以提高九种算法的性能,包括多层神经网络、逻辑回归等。

本章提供了一些例子,说明使用 ORRAH 时要执行的典型任务,包括如何连接并读取数据、处理数据、迁移数据、创建 map-reduce 过程以及使用 ORAAH 的 Spark 特征。

注意

并不是每个人都可以访问 Hadoop 环境以便能够测试和使用 Oracle R Advanced Analytics for Hadoop。Oracle 提供了一个预先构建并配置了 Hadoop、Hive、Oracle Database、ORAAH 以及许多其他软件的虚拟机。该虚拟机称为 BigDataLite VM，可以从 Oracle VirtualBox Pre-Built Appliances 网站下载。这个虚拟机还有大量示例数据集和说明如何使用一些产品的教程。这是一个很不错的虚拟机，值得拥有作为个人或工作实验室环境的一部分。

ORAAH 通过提供一组在 R 软件包 ORCH 中定义的函数来使用 R 代码处理存储在 HDFS 中、Hive 表中和本地 R 环境中的数据，使你可以轻松地处理和分析数据。这可以让你使用熟悉的 R 语法来处理 Hadoop 上的数据。ORCH 软件包包含一个 Hadoop Abstraction Layer (Hadoop 抽象层)(HAL)，用于管理各种 Hadoop 发布版之间的相似性和差异性。ORAAH 允许你使用与 Oracle R Enterprise 所提供的相同类型的透明性来操作 Hive 数据，但需要在 Hive 表的顶层使用。所以就像 Oracle R Enterprise 将 data.frame 函数映射到 Oracle SQL 上一样，Oracle R Advanced Analytics for Hadoop 使用相同的抽象法将这些 data.frame 函数映射到 HiveQL 上。在加载 R 软件包 ORCH 时，将对正在使用的 Hadoop 的发布版进行检测。

提示

Oracle R Advanced Analytics for Hadoop(ORAAH) 产品有时被称为 Oracle R Connector for Hadoop(ORCH)。Oracle R Connector for Hadoop 是该产品的早期名称，但是缩写(ORCH)仍然用于指代 ORAAH 产品的顶级 R 软件包集合。

在安装了 ORAAH 和支持 R 软件包的环境中工作时，可通过将 ORCH 加载到 R 环境中来使用 ORAAH。以下命令加载 ORCH 包和所需的支持软件包：

```
> library(ORCH)
Loading required package: OREstats
Loading required package: MASS
Loading required package: ORCHcore
Loading required package: rJava Oracle R Connector for Hadoop 2.5.1 (rev. 307)
Info: using native C base64 encoding implementation
Info: Hadoop distribution is Cloudera's CDH v5.4.7
Info: using auto-detected ORCH HAL v4.2
Info: HDFS workdir is set to "/user/oracle"
Warning: mapReduce checks are skipped due to "ORCH_MAPRED_CHECK"=FALSE
Warning: HDFS checks are skipped due to "ORCH_HDFS_CHECK"=FALSE
Info: Hadoop 2.6.0-cdh5.4.7 is up
Info: Sqoop 1.4.5-cdh5.4.7 is up
Info: OLH 3.5.0 is up
Info: loaded ORCH core Java library "orch-core-2.5.1-mr2.jar"
Loading required package: ORCHstats
```

一种检查 R 软件包 ORCH 的一些功能的最好方法是查看内建的示例。在第 5 章中，我介绍了如何查看 ORE 提供的各种示例。可以按照类似的方法来探索 ORCH 的示例，如下所示：

```
> demo(package="ORCH")
Demos in package 'ORCH':

hdfs_cpmv           ORCH's copy and move APIs
hdfs_datatrans      ORCH's HDFS data transfer APIs
hdfs_dir            ORCH's HDFS directory manipulation APIs
hdfs_putget         ORCH's get and put API usage
hive_aggregate      Aggregation in HIVE
hive_analysis       Basic analysis & data processing operations
hive_basic          Basic connectivity to HIVE storage
hive_binning        Binning logic
hive_columnfns      Column function
hive_nulls          Handling of NULL in SQL vs. NA in R
hive_pushpull       HIVE <-> R data transfer
hive_sequencefile   Creating and using HIVE tables stored as sequencefile
mapred_basic        Basic mapreduce job execution in ORCH
mapred_modelbuild   Parallel model building and plotting in hadoop using ORCH
orch_cov_cor        ORCH's functions for computing Covariance and Correlation
                    Matrices
orch_hive_hdfs      ORCH's HIVE<->HDFS transformation functions
orch_kmeans         ORCH's kmeans clustering
orch_lm             ORCH's lm algorithm
orch_lmf_jellyfish  ORCH's LMF algorithm
orch_lmf_mahout_als Mahout's LMF algorithm from ORCH
orch_map_only
orch_model_matrix   Using ORCH to create a model matrix for HDFS input
orch_neural         ORCH's neural network algorithm
orch_part_biglm
orch_part_lm        ORCH's parallel partitioned model building
orch_princomp       ORCH's Principal Components Analysis (PCA)
orch_pristine
orch_reduce_only
orch_sample         ORCH's sampling function orch_task_timeout
```

ORCH 包的示例使用 R 语言附带的一些标准数据集，因此不必为了运行这些示例而安装其他任何数据集。

要运行一个 ORAAH 示例脚本，需要使用 demo 函数。此函数接收两个参数。第一个参数是示例的名称，第二个参数是软件包的名称。例如，以下说明如何运行 hive_basic 和 hive_aggregrate：

```
> demo(hive_basic , package="ORCH")
> demo(hive_aggregate , package="ORCH")
```

因为这些示例内部有很多例子，所以上述例子的输出没有在这里显示。

还可列出各种 ORCH 软件包中可用的函数。除标准软件包之外，大多数 Hive 和 HDFS 的函数包含在 ORCHcore 和 ORCHstats 软件包中。在 R 中使用以下命令可以列出这些软件包的内容：

```
> ls("package:ORCHcore")
> ls("package:ORCHstats")
```

11.1 连接到 Apache Hive 上并处理数据

为连接到 Hive 上，可使用 ore.connect()函数。此函数已在前面介绍如何连接到 Oracle Database 上的章节中使用了。到 Hive 上的连接格式取决于所用的 ORAAH 的版本。如果使用的版本低于 2.6，则可以使用以下指令：

```
> ore.connect(type="HIVE")
```

如果使用 ORAAH 2.6 或更高版本，则有一种不同的连接类型，需要更多的细节，包括 Hive 服务器、端口、用户、密码和数据库。ORAAH 2.6 或更高版本的 ore.connect( ) 函数建立一个与 Hive 数据库的 JDBC / Thrift 连接。以下是连接到 Hive 的示例：

```
> # Connect to HIVE. The following environment variables must be set:
> # HIVE_SERVER - hostname or IP of HiveServer2 to connect to;
> # HIVE_PORT - HiveServer2 port to connect to;
> # HIVE_USER - Hive user name to use;
> # HIVE_PASSWORD - Hive user password to use;
> # HIVE_DATABASE - Hive database name (i.e. schema) to use.
> ore.connect( host = Sys.getenv("HIVE_SERVER"),
               port = Sys.getenv("HIVE_PORT"),
               user = Sys.getenv("HIVE_USER"),
               password = Sys.getenv("HIVE_PASSWORD"),
               schema = Sys.getenv("HIVE_DATABASE"),
               type = "HIVE")
> ore.attach()
```

可使用 ore.connect( )函数连接到位于本地和远程 Hadoop 集群的 Hive 数据库上。

一次只能打开一个用 ore.connect( )建立的连接。处理数据和进行分析时，需要小心地管理连接，以确保能以想要的方式处理数据。

连接后，可分别使用 ore.get( )和 ore.push( )函数从 Hive 读取数据、将数据写入 Hive。事实上，前面章节中涵盖的许多 ORE 函数都已经过扩充，能与 Hive 一起使用，包括许多数据帧和数字函数。

以下示例说明了使用 R 加载数据集，将此数据集推送到 Hive，然后对该数据进行一些分析。这里使用的数据集已经在其他章节中使用过且是基于 WhiteWine 数据集的。

```
> # Connect to Hive
> ore.connect(type="HIVE")
> ore.attach()
> # Download the White Wine data set
> WhiteWine = read.table("http://archive.ics.uci.edu/ml/machine-learning-
databases/wine-quality/winequality-white.csv", sep=";", header=TRUE)
> # Get some of the details of the data set based on local R data frame
> dim(WhiteWine)
> names(WhiteWine)
```

```
> head(WhiteWine)
> table(WhiteWine$quality)

> # Push the R data frame to Hive. wine_table now points to a Hive table.
> wine_table <- ore.push(WhiteWine)
> # Check that wine_table is and ORE data frame
> class(wine_table)
> # Performs some statistics on the data set in Hive
> nrow(wine_table)
> summary(wine_table)
```

通过 ORAAH 使用 Hive 有一些限制。某些你习惯使用的数据类型不受支持或受限制。ORAAH 可以访问任何使用数字或字符串数据类型的 Hive 表。类似地，当想要将 R 数据帧写入 Hive 时，需要注意数据帧不包含任何因素(factor)。下面介绍两个例子。第一个例子获取一个包含因素数据类型的数据集。当将这个数据集写入 Hive 时，会收到一个错误信息。第二个例子还是获取该数据集并在将其写入 Hive 之前转换为字符串数据类型。

```
> ore.connect(type="HIVE")
> IRIS_data <- iris
> # Inspect the structure of the iris data.
> # You will see the Species has a Factor data type
> str(IRIS_data)
> # Try writing this data set to Hive and we get an error
> IRIS_hive <- ore.push(IRIS_data)
> # You will get an error
 Error: column type 'factor' not supported in HIVE
> # convert the factor data type to string
> factfilt <- sapply(IRIS_data, is.factor)
> IRIS_data[factfilt] <- data.frame(lapply(IRIS_data[factfilt], as.character),
                                stringsAsFactors = FALSE)
> # Check that the Factor variable has been converted to string
> str(IRIS_data)
> # Try writing this data set to Hive again
> IRIS_hive <- ore.push(IRIS_data)
> # Success
> class(IRIS_hive)
 [1] "ore.frame"
attr(,"package")
 [1] "OREbase"
```

注意
根据所安装的 ORAAH 的版本，现在可能已经可以使用包含因素的数据帧了。

以下代码示例说明如何使用 orch.lm( )函数针对前几章中使用的 WhiteWine 数据集生成一个模型。WhiteWine 数据集作为数据帧存在于本地 R 环境中。使用 hdfs.put( )函数将该数据集写入 HDFS。orch.lm( )函数用于处理数据集(在 HDFS 上)并生成模型。

```
> # Take the downloaded data set in an R data frame and push to HDFS
```

```
> wine_hdfs <- hdfs.put(WhiteWine)
> # Generate a linear model on the data stored on HDFS
> LMmodel_hdfs <- orch.lm(alcohol ~., wine_hdfs)
> # View the model details
> LMmodel_hdfs
> summary(LMmodel_hdfs)
> # Remove the data set from HDFS
> rm(wine_hdfs)
> # remove the model
> rm(LMmodel_hdfs)
```

ORAAH 带有大量的用于处理 Hive 表和 HDFS 文件的函数。其中一些函数允许你直接在 Hive 或 HDFS 中的数据上进行各种分析。ORAAH 还带有大量可用于 Hive 和 HDFS 数据的数据挖掘算法。表 11-1 列出了 ORAAH 自带的常用统计和机器学习算法。表 11-1 基于版本 ORAAH 2.6，它具有多于 11 种机器学习算法，它们使用 Apache Spark 和一些附加函数来帮助你管理基于 Spark 的模型。你可在 ORAAH 的文档中查看 ORAAH 统计和机器学习算法。

表 11-1　ORA AH(2.6 及以上版本)中常用的统计和机器学习算法

函数名	描述
orch.cor	使用 Pearson 相关生成相关矩阵
orch.cov	生成协方差矩阵
orch.glm	为数据生成广义线性模型
orch.glm2	生成一个基于 Spark 的广义线性模型
orch.kmeans	为数据生成 k-Means 聚类模型
orch.lm	使用 QR 因式分解和并行分布生成线性模型
orch.lmf	使用 jellyfish 算法或 Mahout 交替最小二乘法生成低秩分解模型
orch.neural	为数据生成基于 Spark 的神经网络模型
orch.ml.dt	使用 Apache Spark MLlib 生成决策树模型
orch.ml.kmeans	使用 Apache Spark MLlib 生成 k-Means 模型
orch.ml.lassor	通过 Apache Spark MLlib 来使用带有随机梯度下降的最小绝对收缩率和选择算子(Lasso)
orch.ml.linear	使用 Apache Spark MLlib 生成具有随机梯度下降模型的线性回归
orch.ml.logistic	使用 Apache Spark MLlib 生成逻辑回归模型
orch.ml.pca	使用 Apache Spark MLlib 进行主成分分析(principal component analysis，PCA)
orch.ml.random.forest	使用 Apache Spark MLlib 生成随机森林整体模型
orch.ml.ridge	使用 Apache Spark MLlib 生成具有随机梯度下降的脊回归
orch.ml.svm	使用 Apache Spark MLlib 生成支持向量机(SVM)模型

(续表)

函数名	描述
orch.nmf	生成非负矩阵分解模型。该函数已经过专门设计，扩大为能够处理比 R 中的传统函数更大的数据集
orch.model.matrix	创建分布式模型矩阵。机器学习和统计算法在训练阶段需要一个分布式模型矩阵(DMM)
orch.princomp	分析主要成分的性能
orch.sample	允许对数据进行采样
orch.scale	执行缩放
hdfs.write	通过调用 hdfs.write( )函数可以 CSV 格式将分布式模型矩阵(DMM)保存在 HDFS 上
orch.save.model	此函数可在 ORAAH 中将使用 Apache Spark MLlib 创建的模型保存到 HDFS 中，以便以后用于评分/预测。如果其他用户可以访问保存模型的路径，则也可在不同用户之间进行模型共享
orch.load.model	此函数从 HDFS 中将在 ORAAH 中使用 Apache Spark MLlib 创建的模型加载到 HDAA 中进行评分/预测。如果能访问保存模型的 HDFS 路径，它还支持加载由其他用户创建的模型

11.2　使用 ORCH 管理 Map-Reduce 作业

ORAAH 自带了许多可在 Hadoop 中创建和管理 map-reduce 作业(Job)的函数。map-reduce 过程获取已分布在 Hadoop 上的数据集，对分布式的数据集进行分析，最后计算并返回结果。图 11-1 给出了 map-reduce 过程的概述。

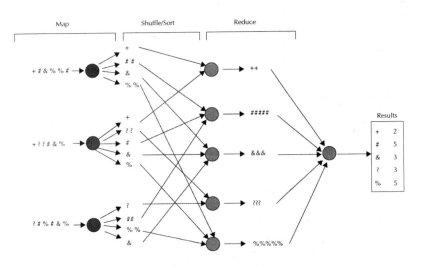

图 11-1　map-reduce 过程概述

通过 ORAAH / ORCH，可以定义 map-reduce 作业并使用 hadoop.exec( )函数提交它。表 11-2 列出与 map-reduce 作业相关的 ORCH 中的各种函数。在 ORCH 中定义 map-reduce 作业有三个主要部分。首先要定义将要使用的数据集。该数据集可以存在于 Hadoop 上、Hive 中或作为一个 R 对象而存在。第二步是定义 mapper 函数。这允许你定义要从数据集中选取且在以后的步骤中使用的数据。第三步是应用将用于所选数据的 reducer 函数。该函数的输出是应用 reducer 函数的返回值或计算的结果。

表 11-2　在 ORCH 中可用的 Hadoop Map-Reduce 函数

函数名	描述
hadoop.exec	此函数启动 Hadoop 引擎，并发送 mapper、reducer 以及 combiner 三个 R 函数以便执行。数据必须存在于 HDFS 中
hadoop.jobs	列出正在运行的 Hadoop 作业
hadoop.run	此函数启动 Hadoop 引擎，并发送 mapper、reducer 以及 combiner 三个 R 函数以便执行。这非常类似于 hadoop.exec，只是如果数据不在 Hadoop 中，它将在开始 map-reduce 作业之前将数据复制到 Hadoop 中
orch.dryrun	在本地主机和 Hadoop 集群之间变换执行平台
orch.export	使本地 R 会话中的 R 对象在 Hadoop 中可用，以便在 map-reduce 作业中引用它们
orch.keyval	输出 map-reduce 作业中的键值对
orch.keyvals	输出 map-reduce 作业中的一组键值对
orch.pack	对一个将被 map-reduce 写为键值对中的值的 R 对象进行压缩
orch.tempPath	设置存储临时数据的路径
orch.unpack	解压缩使用 orch.pack 函数压缩的 R 对象
orch.create.parttab	使分区的 Hive 表与 ORCH 的 map-reduce 框架一起使用

当为了 map-reduce 作业而使用 ORCH 时，还可以利用 Configuration 配置(config)为这些作业指定任何附加部分。本节介绍对 Map-Reduce 作业进行微调的各个方面，以获得更好的性能或改变 ORCH 的 map-reduce 驱动程序的行为。

为说明如何创建 map-reduce 作业，以下示例使用了前面的 WhiteWine 数据集。因为 map-reduce 作业会删除键值对，所以我们需要指定用于定义键的属性。该值不必是唯一的，因为该属性将用于对 reducer 部分中定义的计算进行分组。在 WhiteWine 数据集中，我们可以给 Quality 属性设置键。可以在 R 数据集写入 HDFS 的同时定义该键。

```
> # Write the White Wine data set out to HDFS
> WhiteWine.dfs <- hdfs.put(WhiteWine, key='quality')
```

接下来，可以构建 map-reduce 作业。以下示例将获取写入 Hadoop 的 WhiteWine 数据集，在 mapper 部分选择该数据集中的所有数据，然后为 Quality 属性中包含的每个值计算残留糖量的平均值。然后将这些计算的结果存储在变量 mrRes 中。

```
> # Submit the hadoop job with mapper and reducer R scripts
> mrRes <- try(hadoop.run(
        WhiteWine.dfs,
        mapper = function(key, val) {
                orch.keyvals(key, val)
            },
        reducer = function(key, vals) {
            X <- sum(vals$residual.sugar)/nrow(vals)
            orch.keyval(key, X)
          },
        config = new("mapred.config",
                  map.tasks = 1,
                  reduce.tasks = 1 )
  ), silent = TRUE)
```

mrRes 变量指向执行 map-reduce 作业所产生的结果。这些结果存在于 HDFS 上，因为所使用的原始数据(WhiteWine.dfs)就位于 HDFS 上。这种情况下，可使用 hdfs.get( )函数将结果数据从 HDFS 复制到 R 环境中的数据帧中，然后显示结果。

```
> hdfs.get(mrRes)
   val1    val2
1    3 6.392500
2    4 4.628221
3    5 7.334969
4    6 6.441606
5    7 5.186477
6    8 5.671429
7    9 4.120000
```

在此处显示的结果中，val1 下的值表示 WhiteWine 数据集中的 Quality 属性中的唯一值，val2 下的值是 map-reduce 作业中由 reducer 函数生成的平均残留糖量。

11.3 通过 ORAAH 使用 Spark

ORAAH 的 R 软件包 ORCH 支持 Spark 利用服务器上的 Apache Spark 集群。这可以显著提高构建模型和利用模型进行评分时的性能。有九个算法利用了 Spark 集群。这些算法包括使用 orch.glm2( )的逻辑回归、使用 orch.neural( )的多层感知器神经网络等，都列于表 11-2 中。

当创建一个 Spark 上下文时，可使用 Yarn 或独立模式来实现。在能使用这些函数之前，需要加载 ORCH 库，因为这些 Spark 算法都包含在其中；另外，当创建 Spark 连接时，需要 Hadoop 集群的配置的详细信息。

在使用这些 Spark 算法之前，需要执行的第一步是创建 Spark 连接。Spark 连接可以利用 Yarn 或独立模式来建立。下例说明了 spark.connect( )函数。该函数有四个参数。第一个决定是使用 Yarn 还是独立模式。该参数称为主机(master)。第二个参数是一个名称变量(并且是可选的)，可帮助集中记录 Spark 主机上的会话中的日志。默认设置为 ORCH。

第三个参数用于定义分配给此 Spark 上下文的每个 Spark 工作器(worker)的内存。第四个参数 dfs.namenode 指向 HDFS 的 namenode 服务器，以便与 HDFS 交换信息。

```
> # First you need to load the ORCG R package
> library(ORCH)
> # Create the Spark connection using Yarn
> spark.connect("yarn-client",
               memory="512m",
               dfs.namenode="bigdatalite.localdomain")
```

当 Spark 连接设置完成后，便可以继续处理数据并运行需要使用的算法了。以下示例说明了使用 Spark 算法 orch.glm2( )为作为 rpart R 包的一部分的 kyphosis 数据集拟合一个模型：

```
> # Write the data set to HDFS
> dfs.dat <- hdfs.put(kyphosis)
> # Call the orch.glm2 function to generate the model
>    sparkModel <- orch.glm2(Kyphosis ~ Age + Number + Start, dfs.dat = dfs.dat)
 ORCH GLM: processed 1 factor variables, 0.365 sec
 ORCH GLM: created model matrix, 2 partitions, 0.398 sec
 ORCH GLM: iter  1,  deviance  1.12289843250711020E+02,  elapsed time 0.216 sec
 ORCH GLM: iter  2,  deviance  6.64219993846240600E+01,  elapsed time 0.304 sec
 ORCH GLM: iter  3,  deviance  6.18628545282569460E+01,  elapsed time 0.277 sec
 ORCH GLM: iter  4,  deviance  6.13897990884807400E+01,  elapsed time 0.313 sec
 ORCH GLM: iter  5,  deviance  6.13799331446360300E+01,  elapsed time 0.460 sec
 ORCH GLM: iter  6,  deviance  6.13799272764552550E+01,  elapsed time 0.214 sec
```

类似的方法可以用于神经网络函数 orch.neural( )。

完成分析并准备关闭 Spark 连接时，可使用 spark.disconnect( )，如下所示：

```
> # Disconnect from Spark
> spark.disconnect()
```

11.4　小结

ORAAH 提供了一组 R 函数，允许你利用 Hive 的透明性连接和操作存储在 HDFS 上的数据。ORAAH 允许你构建 map-reduce 分析并通过 R 接口使用预先封装的算法。ORAAH 提供了一系列函数，允许你处理 Hadoop 上的数据，为数据构建高级分析，构建 Map-Reduce 作业以便利用 Hadoop 基础设施的处理能力。此外，ORAAH 还具有一些与 Spark 一起使用的特定算法。

第12章

通过 Oracle Data Mining 使用 ORE

Oracle R Enterprise 和 Oracle Data Mining 共同构成了 Oracle Advanced Analytics 选件。在第 7 章中，我介绍了如何通过 Oracle R Enterprise 的特性来使用数据库自带的 Oracle Data Mining 算法。Oracle 还提供了许多 SQL 函数和 PL / SQL 软件包以便使用这些相同的数据库自带的算法。此外，Oracle 还有一个名为 Oracle Data Miner 的基于工作流的工具，是 Oracle SQL Developer 工具的一部分。随着组织发展其分析能力和分析资产，数据科学家们使用 R 和 Oracle R Enterprise 所产生的工作成果可以应用于更广泛的业务应用程序中，如商业智能。为此，数据科学家们将需要使用组织所使用的许多工具。同样，随着 Oracle 开发人员技能的扩展，他们也需要利用或整合数据科学家们的工作成果。在这个混合世界中，数据科学家和 Oracle 开发人员将并肩工作，他们的工作甚至可能会有所重叠。在本章和下一章中，我们将介绍如何使用数据科学家们用其他 Oracle 工具所创建的分析和脚本。例如，在本章将讨论如何利用 Oracle Data Miner 工具将存储在 ORE 脚本资源库中的用户定义的 R 脚本包含在应用程序中。下一章将介绍如何联合使用 Oracle

R Enterprise 与 APEX 和 OBIEE。

在本章中，我将快速概述一下 Oracle Data Mining，即 Oracle Data Miner 工具，并展示如何使用 Oracle Data Miner 工具的两个特性，它们允许你在 Oracle Data Miner 工作流中定义和使用 ORE 的用户定义的 R 脚本。

12.1　Oracle Data Mining

Oracle Advanced Analytics 选件包括 Oracle Data Mining(Oracle 数据挖掘)和 Oracle R Enterprise。Oracle Advanced Analytics 是 Oracle Database Enterprise Edition(Oracle Database 企业版)的一个额外收费选件。通过结合强大的数据库自带的高级数据挖掘算法和 R 的强大功能与灵活性，Oracle 提供了一套工具，可让每个人——从数据科学家到 Oracle 开发人员和 DBA——都能够对其数据进行高级分析，从而更深入地了解他们的数据，并给予他们比竞争对手更大的优势。

Oracle Data Mining 包含一系列嵌入 Oracle Database 中的高级数据挖掘算法，可用于对数据进行高级分析。这些数据挖掘算法被集成到 Oracle Database 内核中，并对存储于数据库的表中的数据进行本机操作。这就消除了大多数数据挖掘应用程序那样将数据提取或传输到独立的数据挖掘/分析服务器的需要。这样，通过几乎零数据移动显著地减少了数据挖掘项目的时间。

表 12-1 列出了 Oracle Database 中可用的各种数据挖掘算法，它们是 Oracle Advanced Analytics 选件的一部分。除了这些数据挖掘算法外，Oracle 还有各种接口，使你可以使用这些算法。这些接口包括 PL/SQL 软件包，可用来构建模型并将其应用于新数据，还包括用于实时对数据进行打分的各种 SQL 函数以及 Oracle Data Miner 工具，该工具提供了一个用于创建数据挖掘项目的图形工作流界面。第 7 章展示了如何使用 ORE API 来利用这些相同的数据库自带的数据挖掘算法。

表 12-1　Oracle Data Mining 中可用的数据挖掘算法(适用于 Oracle Database version 12.1)

数据挖掘技术	数据挖掘算法
异常检测	一类支持向量机
关联规则分析	Apriori
属性重要性	最小描述长度(Minimum Description Length)
分类	决策树 广义线性模型 朴素贝叶斯 支持向量机
聚类	期望最大化(Expectation Maximization) k-Means 算法 正交分割聚类

(续表)

数据挖掘技术	数据挖掘算法
特征提取	非负矩阵分解(Non-Negative Matrix Factorization) 奇异值分解(Singular Value Decomposition) 主成分分析(Principal Component Analysis)
回归	广义线性模型 支持向量机

默认情况下，Oracle Database Enterprise Edition 已经自带了安装和配置好了的 Oracle Data Mining，因此不需要另外安装。

Oracle Data Mining 带有许多数据字典视图、SQL 函数和 PL/SQL 软件包，以便准备数据挖掘所用的数据、构建数据挖掘模型、修改和调整一种数据挖掘算法的设置、分析和评估模型，然后将这些模型应用于数据。因为 Oracle Data Mining 是一种数据库自带的数据挖掘工具，所创建的所有对象和模型都将被存储在 Oracle Database 中，这样就可以使用 SQL 作为执行数据挖掘任务的主要接口。本章提供了有关如何使用这些 ODM 数据字典视图、各种 SQL 评分函数以及主要 PL / SQL 软件包的示例。

Oracle Data Mining 模型和其他对象驻留在它们被创建于其中的那个模式中。它们可以被数据库中任何被赋予了访问权限的模式共享、查询及使用。存在大量的 Oracle Data Dictionary 视图，允许你查询 Oracle Data Mining 的模型及其各种属性。表 12-2 列出了 Oracle Data Mining 专有的数据字典视图。

在此表中，*表示 ALL、DBA 或 USER，其中：

- ALL 包含用户可访问的 ODM 信息。
- DBA 包含 DBA 用户可访问的 ODM 信息。
- USER 包含当前用户可访问的 ODM 信息。

Oracle Data Miner 附带了一些数据库自带的 PL / SQL 软件包。这些软件包允许你执行所有的数据挖掘任务。三个 PL / SQL 软件包与 Oracle Data Miner 相关联：

- DBMS_DATA_MINING
- DBMS_DATA_MINING_TRANSFORM
- DBMS_PREDICTIVE_ANALYTICS

表 12-2　Oracle Data Mining 的 Data Dictionary Views

字典视图名称	描述
*_MINING_MODELS	此视图包含已创建的每个 Oracle Data Mining 模型的详细信息。该信息将包含模型名称、数据挖掘类型(或功能)、所用的算法以及有关模型的其他一些高级信息
*_MINING_MODEL_ATTRIBUTES	此视图包含被用于创建 Oracle Data Mining 模型的属性的详细信息。如果某属性被用作 Target，则将由 Target 列指示

(续表)

字典视图名称	描述
*_MINING_MODEL_SETTINGS	此视图包含用于为特定算法生成 Oracle Data Mining 模型的算法设置
DBA_MINING_MODEL_TABLES	此视图只能由具有 DBA 权限的用户访问，它列出了所有包含与数据库中存在的数据挖掘模型相关的元数据的表

　　DBMS_DATA_MINING 是执行数据挖掘任务的主要 PL/SQL 软件包，例如创建新模型、评估和测试该模型以及将该模型应用于新数据。以下各节将给出此软件包的概述，本章的其余部分将给出介绍如何使用此软件包中的各种过程来创建数据挖掘模型的示例。

　　PL/SQL 软件包 DBMS_DATA_MINING_TRANSFORM 允许你定义可应用于数据集的各种数据转换，以便为数据挖掘算法准备输入数据。

　　PL / SQL 软件包 DBMS_PREDICTIVE_ANALYTICS 包含许多能执行自动形式的数据挖掘的过程。使用此 PL / SQL 软件包时，你需要允许 Oracle Data Mining 引擎决定要使用的算法和设置。上述那些过程的输出将是预测结果，在过程结束后，所产生的任何模型都不复存在。此 PL / SQL 软件包与 DBMS_DATA_MINING 软件包完全不同，因为那个软件包允许你确定算法、定义设置、调查模型性能结果等。

　　PL / SQL 软件包 DBMS_DATA_MINING 包含了执行以下工作的主要过程：创建数据挖掘模型、定义所有必要的算法设置、调查结果以确定模型的效率、将数据挖掘模型应用于数据以及探索所产生的模型的细节。

　　表 12-3 列出了在 DBMS_DATA_MINING 中可以找到的所有函数和过程。

表 12-3　DBMS_DATA_MINING 中的过程和函数

函数和程序	描述
ADD_COST_MATRIX	向分类模型添加成本矩阵
ALTER_REVERSE_EXPRESSION	将反向转换表达式更改为指定的表达式
APPLY	将模型应用于数据集(对数据进行评分)
COMPUTE_CONFUSION_MATRIX	计算分类模式的混淆矩阵
COMPUTE_LIFT	计算分类模型的提升(lift)
COMPUTE_ROC	计算分类模型的接收器工作特性(ROC)
CREATE_MODEL	创建一个模型
DROP_MODEL	删除一个模型
EXPORT_MODEL	将模型导出到转储文件
GET_ASSOCIATION_RULES	从关联模型返回规则
GET_FREQUENT_ITEMSETS	返回关联模型的频繁项目集
GET_MODEL_COST_MATRIX	返回模型的成本矩阵

(续表)

函数和程序	描述
GET_MODEL_DETAILS_AI	返回有关属性重要性模型的详细信息
GET_MODEL_DETAILS_EM	返回有关期望最大化模型的详细信息
GET_MODEL_DETAILS_EM_COMP	返回有关期望最大化模型的参数的详细信息
GET_MODEL_DETAILS_EM_PROJ	返回有关期望最大化模型的项目的详细信息
GET_MODEL_DETAILS_GLM	返回有关广义线性模型的详细信息
GET_MODEL_DETAILS_GLOBAL	返回有关模型的高级统计信息
GET_MODEL_DETAILS_KM	返回有关 k-Means 模型的详细信息
GET_MODEL_DETAILS_NB	返回关于朴素贝叶斯模型的详细信息
GET_MODEL_DETAILS_NMF	返回有关非负矩阵分解模型的详细信息
GET_MODEL_DETAILS_OC	返回有关 O-Cluster 模型的详细信息
GET_MODEL_DETAILS_SVD	返回有关奇异值分解模型的详细信息
GET_MODEL_DETAILS_SVM	返回带有线性内核的支持向量机模型的详细信息
GET_MODEL_DETAILS_XML	返回有关决策树模型的详细信息
GET_MODEL_TRANSFORMATIONS	返回嵌入模型中的转换
GET_TRANSFORM_LIST	在两种不同的转换规范格式间转换
IMPORT_MODEL	将模型导入用户的模式
RANK_APPLY	对来自针对分类模型的 APPLY 结果的预测进行排序
REMOVE_COST_MATRIX	从模型中移除成本矩阵
RENAME_MODEL	重命名模型

　　Oracle Data Mining 最强大的特性之一是具有使用 SQL 通过 SQL 函数使用数据挖掘模型来运行数据并对数据进行打分的能力。表 12-4 中列出的这些函数可以将挖掘模型应用于数据或者通过执行分析子句动态地挖掘数据。SQL 函数对于支持评分操作的所有数据挖掘算法都是可用的。通过使用这些 SQL 函数，你可以轻松地将数据挖掘功能嵌入 Oracle 环境的所有部分(包括 Hadoop)，包括批处理任务、报告工具、分析仪表板和前端应用程序。

表 12-4　Oracle Data Mining 的 SQL 函数

函数名称	描述
PREDICTION	返回目标的最佳预测
PREDICTION_PROBABILITY	返回预测的概率
PREDICTION_BOUNDS	返回预测值(线性回归)或概率(逻辑回归)所在区间的上限和下限。此函数仅适用于 GLM 模型

(续表)

函数名称	描述
PREDICTION_COST	返回不正确预测的成本的度量
PREDICTION_DETAILS	返回有关预测的详细信息
PREDICTION_SET	返回分类模型的结果，包括每种情况的预测和相关概率
CLUSTER_ID	返回被预测的聚类的 ID
CLUSTER_DETAILS	返回有关被预测的聚类的详细信息
CLUSTER_DISTANCE	返回到预测聚类的质心的距离
CLUSTER_PROBABILITY	返回一个案例属于某给定聚类的概率
CLUSTER_SET	返回一个给定案例可能归属的所有聚类的列表，以及相关的包含概率
FEATURE_ID	返回具有最高系数值的特性的 ID
FEATURE_DETAILS	返回有关被预测的特性的详细信息
FEATURE_SET	返回包含所有可能的特性的对象的列表以及关联的系数
FEATURE_VALUE	返回被预测的特性的值

以下示例说明如何使用通过 Oracle Data Mining 创建的数据挖掘模型(DEMO_CLASS_DT_MODEL)进行预测并给出预测的概率：

```
SELECT cust_id,
       PREDICTION(DEMO_CLASS_DT_MODEL USING *) Predicted_Value,
       PREDICTION_PROBABILITY(DEMO_CLASS_DT_MODEL USING *) Prob
FROM   mining_data_apply_v
FETCH first 8 rows only;

   CUST_ID PREDICTED_VALUE         PROB
---------- --------------- ----------
    100001               0 .952191235
    100002               0 .952191235
    100003               0 .952191235
    100004               0 .952191235
    100005               1 .736625514
    100006               0 .952191235
    100007               0 .952191235
    100008               0 .952191235
```

12.2　Oracle Data Miner

Oracle Data Miner 工具是 SQL Developer 的一个组件。 Oracle Data Miner 是一个基于 GUI 工作流的工具，允许数据科学家、数据分析师、开发人员和数据库管理员快速、简单地为其数据和数据挖掘业务问题构建数据挖掘工作流。Oracle Data Miner 工作流工具最先在 SQL Developer 3 中引入，在所有后续版本中，还添加了附加功能。

Oracle Data Miner 工具，如图 12-1 所示，允许你通过定义节点构建工作流以便执行以下任务：

- 使用统计信息和各种图形方法探索数据。
- 构建包括抽样的各种数据转换，使用各种数据缩减技术，创建新特性，应用复杂的过滤技术，并在数据上创建定制的转换。
- 使用各种数据库自带的数据挖掘算法构建数据挖掘模型。
- 将数据挖掘模型应用于新数据以便生成可由你的业务用户使用的打过分的数据集。
- 使用 Predictive Queries 创建和使用即时数据挖掘模型。
- 在半结构化和非结构化数据上创建并应用复杂的 Text Analytics 模型。

当要把工作流引入生成时，需要生成运行工作流所需的 SQL 脚本以便提供完整的支持。这些可以在 Oracle Database 中轻松地安排，以便定期运行。

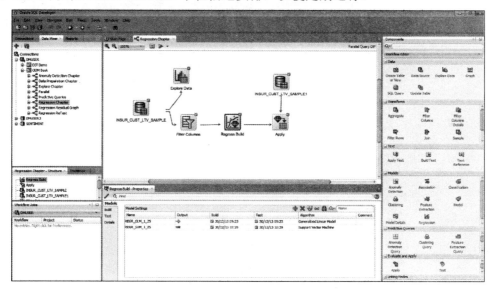

图 12-1　SQL Developer 中的 Oracle Data Miner 工具

12.3　通过 SQL Node 来包含 R 脚本

SQL Query 节点允许你自行编写希望对模式中的数据执行的 SQL 语句。创建 SQL Query 节点时有两个选项。第一个选项是创建没有输入的 SQL Query 节点。使用此选项时，你可以编写一个针对存在于模式中或可以访问的任何数据的查询(使用 SQL、PL/SQL 和 ORE 脚本资源库中的用户定义的 R 脚本的嵌入式 R 执行)。第二个选项是将 SQL Query 节点附加到一个数据源或模型构建节点中。使用此选项时，你在 SQL Query 节点中指定的代码仅适用于节点附加到其上的那个(那些)数据源。

创建 SQL 查询节点时，需要从 Component Workflow Editor 中的 Data 类别中选定节点，然后在鼠标悬停在工作流工作表上时再次点击。接下来，双击该节点以打开"SQL 查询节点编辑器(SQL Query Node Editor)"窗口。这个窗口有两个主要区域。这些区域中的第一个包含许多选项卡。这些选项卡中的每一个将帮助你创建 SQL 代码或为了嵌入式 R 执行而指定 SQL API 函数的格式。这些选项卡包括连接到 SQL Query 节点的数据源、数据库自带的函数的片段、存储在模式中的 PL / SQL 函数和过程以及模式中定义的 R 脚本或你可以访问的 R 脚本。

提示

只有在 Oracle Database 服务器上安装了 Oracle R Enterprise(ORE)1.3 或更高版本时，R 脚本选项卡才会显示在 SQL Query Node 编辑器中。Oracle Database 11.2.0.3 或更高版本才能使用 ORE。

第二个区域位于 SQL Query Node Editor 窗口右侧，就是可以在其中编写具有嵌入式 R 执行的 SQL 代码的地方。图 12-2 显示了本书各章中创建的 R 脚本的列表。要为 R 脚本创建模板，首先需要从下拉列表中选择 SQL API 函数。然后双击要使用的 R 脚本。该模板随后将显示在 SQL 节点窗口的右侧。然后，你可以编辑此模板以包含运行所需的其他元素和参数。图 12-2 说明了运行 R 脚本 HelloBrendan 的代码。

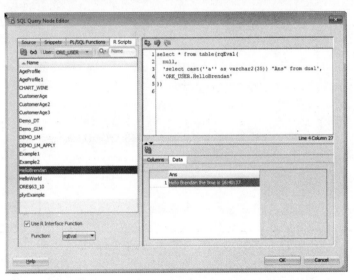

图 12-2　使用 SQL Query 节点运行一个数据库自带的 R 脚本

编辑 SQL 查询以便包含 ORE SQL API 函数的类型和参数后，可以测试代码，查看它是否运行，并查看返回的一些数据。查询结果显示在 SQL 节点窗口的右下角。

完成编辑 SQL 节点以便包括对用户定义的 R 脚本的调用后，可以继续构建工作流的其余部分。例如，你可能希望将 R 脚本(在运行 SQL 节点时生成)的输出加入到其他数据节点上，或将数据发送到工作流中的另一个节点。

可为该工作生成 SQL 和 PL/SQL 代码,其中包括在 SQL 节点中定义的 ORE SQL API 代码。此代码可以由 DBA 安排在数据库中运行，也可以使用 Oracle Data Miner 工具中提供的调度特性。

12.4　使用 R 节点

Oracle Data Miner 为 Oracle Database 中可用的每个数据挖掘类型提供了许多节点。当使用这些节点之一(例如，分类节点)时，它提供了一个框架，用于定义构建和测试数据挖掘模型以及检查模型的各种元素所需的所有组件，如设置、所用的属性和性能矩阵。SQL Developer 4.2 及更高版本中，在 Components 选项板中的 Models 字段有了新的 R 节点。此 R 节点允许你使用用户定义的可用于构建、测试和应用数据挖掘模型的 R 脚本，该脚本存储在 R 脚本存储库中且在 Oracle Data Miner 框架中用于数据挖掘工作。这样可以扩展 Oracle Database 中已有的数据挖掘算法的数量和类型。

重要提示

只有当使用 SQL Developer 4.2 或更高版本并且还使用 Oracle Database 12.2 时，R 节点才会在 Oracle Data Miner 工具中显示。

在可以开始使用 R 节点之前，需要定义并创建用户定义的 R 脚本，该脚本需要执行完成如下任务所需的所有步骤：建立、测试和评分，以及生成有关模型的任何其他信息，如模型细节，性能矩阵等。

创建 R 节点时，在 Components 窗口的 Models 字段中选择节点，然后单击工作流工作表。创建节点后，就可以将数据源节点与它连接。打开节点后，可以选择数据挖掘的类型(图 12-3 所示的示例是分类)。并且，如果目标和案例 ID 与数据挖掘函数相关的话，还要定义它们。例如，Clustering 是一种无监督的数据挖掘技术，因此 Target 字段将被禁用。在为 R 节点定义了这些初始属性后，就可以在数据库中选择用户定义的 R 脚本(其中包含可以生成模型的 R 代码)，如图 12-3 所示。

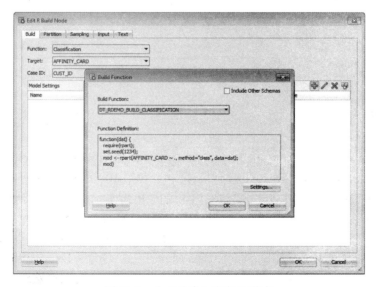

图 12-3　为"分类"定义 R 节点

每个数据挖掘模型节点都遵循相同的构建和测试模型的框架。因此，对于我们的 R

节点，我们需要定义一些支持该框架的附加 R 脚本。这些脚本将包括用于对数据进行评分的 R 脚本。我们还可以定义一个用于定义权重函数的用户定义的 R 脚本，以及一个用于检索模型细节的 R 脚本，如图 12-4 所示。

完成了定义 R 节点后，便可以运行它了。这将获取 Data 节点中定义的数据集，将此数据输入 R 节点中，对数据进行采样以创建构建数据集和测试数据集，然后将在 R 节点中定义的 R 脚本应用于每个采样数据集。你可以类似于查看其他 Oracle Data Miner 数据挖掘节点的方式来查看构建和测试 R 节点的结果。

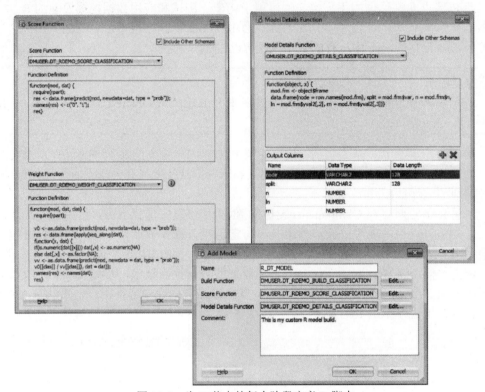

图 12-4　为 R 节点的每个阶段定义 R 脚本

12.5　小结

本章提供了 Oracle Data Mining 的概述。Oracle Data Mining 和 Oracle R Enterprise 结合形成了 Oracle Advanced Analytics 选件。第 9 章和第 10 章介绍了如何创建包含用于处理 Oracle Database 中数据的 R 代码的用户定义的 R 脚本。可通过创建包含 R 代码的 R 脚本来轻松地将此 R 代码包含在 SQL 查询中。对于 Oracle Data Mining，有两种访问和使用数据库自带特性的方法。第一个是使用 SQL 和 PL/SQL 函数和过程。第二个是使用内置在 SQL Developer 工具中的 Oracle Data Miner 工具。Oracle Data Miner 允许数据分析人员快速轻松地建立一个处理数据并利用数据库自带的数据挖掘算法进行数据挖掘的工作流。创建工作流时，可以包括一个或多个已创建的 R 脚本。本章列举了一个示例，说明如何使用 SQL 节点执行此操作。R 节点是 Oracle Data Miner 工具的一个新特性。这仅在使用 Oracle Database 12.2c 和 SQL Developer 4.2(或更高版本)时才会有。R 节点允许你定义 R 脚本,可将此类脚本用于构建和测试阶段,以及在 Oracle Data Miner 使用的框架内检查数据挖掘模型的其他部分。这允许 R 算法与 Oracle Data Miner 框架无缝地一起工作。

Oracle Data Mining 书籍

　如果你想要探索 Oracle Data Miner 工具的全部能力以及用于在 Oracle Database 中执行数据挖掘的 SQL 和 PL/SQL 功能,请查看 Oracle Press 的 *Predictive Analytics Using Oracle Data Miner*。

第13章

在 APEX 和 OBIEE 中使用 ORE

使用 Oracle R Enterprise 的核心优势之一就是能够在应用程序中使用 R 语言的分析和绘图能力。基本上，任何应用程序或可在 Oracle Database 上发布 SQL 语句的应用程序开发语言现在都可以使用 R 语言生成分析和图形。嵌入式 R 执行的 SQL API 函数可用于从数据库自带的 R 脚本中生成结果。

本章将介绍如何在 APEX 和 OBIEE 中轻松地添加和使用数据库自带的定义为 R 脚本的 R 函数。这些例子不会教你如何使用 APEX 和 OBIEE，但它们会说明这些工具特有的元素，这些元素是显示从数据库自带的用户定义的函数返回的结果以及如何在这些应用程序中显示基本的 R 图形所必需的。使用类似的方法，可将 R 函数包含在任何可使用 SQL 来查询 Oracle Database 的应用程序中。

13.1　Oracle APEX

Oracle Application Express(APEX)是一个应用程序开发框架，可用于开发功能丰富的基于 Web 的桌面和移动设备的应用程序。Oracle Database 自带已经安装并配置好的 APEX 以供使用。因为 APEX 是一个数据库自带的工具，开发程序时使用的主要语言将是 SQL 和 PL/SQL。当通过 Web 浏览器登录 APEX 时，将获得一个完整的用于创建应用程序的开发工具。APEX 也有广泛的报告和图表能力，允许你创建高级报告和分析仪表板，如图 13-1 所示。

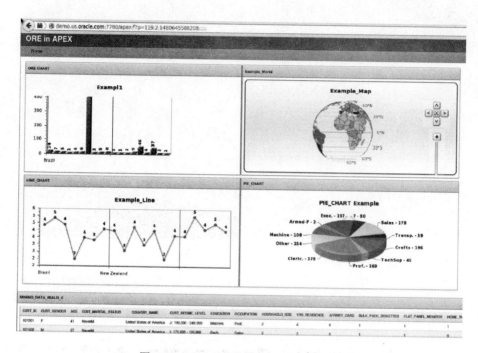

图 13-1　APEX 中的报告仪表板的示例

APEX 是 Oracle Database 的零成本选件，可用于 Oracle Database 的所有版本，从 Oracle Express Edition 直到 Oracle Enterprise Edition。因为 APEX 是基于 SQL 和 PL/SQL 的，所以对于广泛的用户——数据库管理员(DBA)、开发人员、分析师等——来讲，获得和运行 APEX 都是很容易的。因为 APEX 是一个数据库自带的开发工具，你的应用程序将自动使用 Oracle Database 的所有性能和可扩展性特性。此外，因为使用了各种数据库自带的安全特性，Oracle Database 中的数据将是安全的。

APEX 能够检测到用什么类型的浏览器和设备调用 APEX 应用程序。APEX 将动态调整应用程序的布局以便为所用的设备选择最佳布局。这个过程不需要开发人员编写任何额外的代码，所以开发人员可以专注于应用程序的业务逻辑。

ORE 和 Oracle R Enterprise 的嵌入式 R 执行特性共享一些 APEX 的特点。这两种产品都利用 Oracle Database 和服务器的性能和可扩展性，这两种工具都把 Oracle Database 和服务器用作计算引擎，最重要的是，这两种工具均基于 SQL 和 PL/SQL。最后这个常用的特性意味着可以非常轻松地将 Oracle R Enterprise 添加到 APEX 应用程序中，就像任何可以在 Oracle Database 中运行 SQL 的应用程序那样。

Oracle APEX 在 Oracle 所提供的各种 DBaaS 云解决方案中也是可得的，某些情况下，APEX 会是连接数据库时必须使用的主要工具。如果你在自己的环境中无法访问 APEX，可在 VirtualBox 网站下载一个预制的虚拟机应用。 Developer Day VM 是一个非常受欢迎的虚拟机映像。如果使用此虚拟机，则需要安装 R 和 Oracle R Enterprise。或者，你可以使用 OBIEE Sample App 虚拟机或 Big Data Lite 虚拟机，因为这些虚拟机已经安装了 R、ORE、Oracle Database 和 APEX。

以下各节将介绍如何使用 ORE 的嵌入式 R 执行特性将 R 函数包含到 APEX 应用程序中。这些 R 函数对数据库中的数据执行某些分析，然后将 APEX 应用程序中的 R 生成的结果显示出来。R 语言有丰富的图形。我将展示如何快速轻松地把利用 R 创建的简单图形包含到 APEX 应用程序中。你可以按照相同的过程来包含更复杂的可从 R 语言或成千上万的 R 软件包之一中得到的 R 图形。

这些节中的示例是在第 9 章中创建并在第 10 章中使用的用户定义的 R 函数。这些示例基于包含在 DMUSER 模式中的 MINING_DATA_BUILD_V 视图中的数据集，这些用户定义的函数聚合此数据集并显示聚合结果的 R 图表。

我们假设你已经设置好了 APEX，并有了一些使用该工具创建各种元素和对象的经验。

13.1.1　在 APEX 应用程序中包含 ORE 脚本

第一个例子展示的是如何通过利用嵌入式 R 执行调用一个用户定义的 R 函数来添加结果。为此使用的示例是 AgeProfile1 函数。在第 9 章中创建的这个函数如下所示：

```
-- Create ORE script to aggregate on the AGE attribute
BEGIN
   --sys.rqScriptDrop('AgeProfile1');
   sys.rqScriptCreate('AgeProfile1',
      'function(dat) {
         aggdata <- aggregate(dat$AFFINITY_CARD,
                              by = list(Age = dat$AGE),
                              FUN = length)
      } ');
END;
```

AgeProfile1 函数接受一个参数和将在此函数中使用的数据集。脚本中的聚合函数基于 AGE 变量对数据集进行聚合，然后将最终的聚合结果返回给调用此函数的查询。

当使用 SQL 调用此 AgeProfile1 函数时，可以使用一条 SELECT 语句。第 10 章介绍了使用一条 SELECT 语句运行此函数时可用的所有各种选项。最简单的方法是在 SELECT 语句中使用 rqTableEval( )函数，如下所示：

```
-- Call the AgeProfile1 script passing in the data from MINING_DATA_BUILD_V
select *
from table (rqTableEval(cursor(select* from MINING_DATA_BUILD_V),
               NULL,
               'select 1 AGE, 1 AGE_NUM, from dual',
               'AgeProfile1'));
```

我们将在 APEX 中使用这个 SELECT 语句来调用 R 函数(AgeProfile1)，并将使用 APEX 来显示结果。

在 APEX 应用程序中，你可创建一个新的 APEX 报告(在一个新的区域，如果需要的话)。这可以是一个交互式报告或经典报告。然后在 APEX Report 区域填写各种属性。当进行到为 APEX 报告输入 SELECT 语句的阶段时，你可以输入先前介绍的 SELECT 查询，如图 13-2 所示。

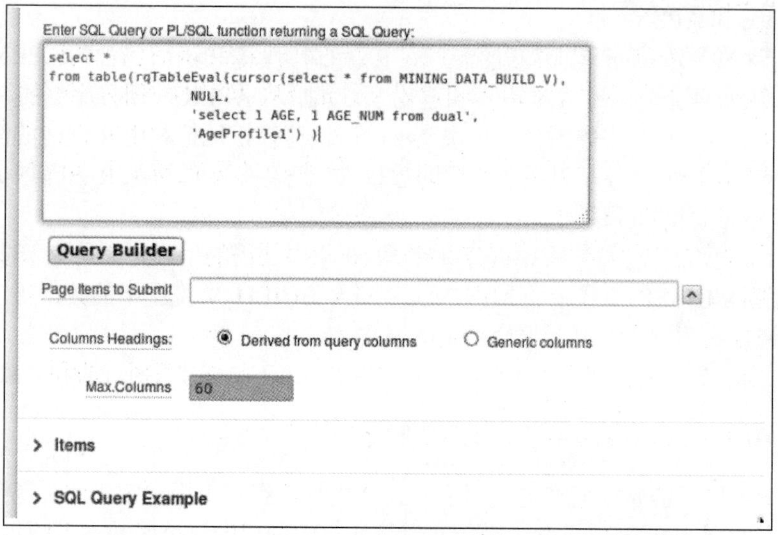

```
Enter SQL Query or PL/SQL function returning a SQL Query:
select *
from table(rqTableEval(cursor(select * from MINING_DATA_BUILD_V),
                NULL,
                'select 1 AGE, 1 AGE_NUM from dual',
                'AgeProfile1') )|
```

Query Builder

Page Items to Submit

Columns Headings:　◉ Derived from query columns　　○ Generic columns

Max.Columns　60

> Items

> SQL Query Example

图 13-2　在 APEX 报告的 SQL 查询中输入嵌入式 R 执行

只需要完成 APEX Report 的属性，并且最简单的方法就是接受默认值。当运行 APEX 应用程序时，结果被显示出来，如图 13-3 所示。

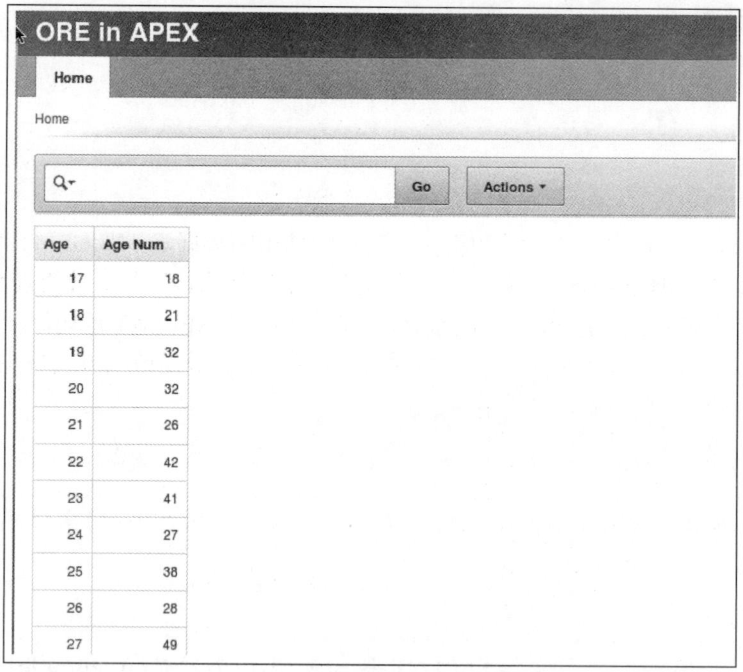

ORE in APEX

Home

Home

Age	Age Num
17	18
18	21
19	32
20	32
21	26
22	42
23	41
24	27
25	38
26	28
27	49

图 13-3　调用嵌入式 R 执行函数所得到的显示在 APEX 中的结果

到此，就有了一个简单的 APEX 应用程序，此程序使用嵌入式 R 执行特性运行 ORE。

很简单，对吧？在下一节中将介绍如何包含利用 R 生成的图形以及如何在 APEX 应用程序中显示该图形。

13.1.2　向 APEX 应用程序中添加 R 图形

Oracle APEX 具有大量内置的绘图函数。这些绘图函数可用于你希望包含在 APEX 应用程序中的大多数图表。但是 R 语言和数以千计的支持 R 软件包拥有丰富的图表和图形能力。

以下示例显示了如何将一个非常简单的通过 R 创建的图表包含到 APEX 应用程序中。如果想创建更复杂的 R 图表或图形，可以遵循相同的步骤。

这个例子是在第 9 章和第 10 章中创建和演示的。下面是基于上一节中展示的聚合数据来创建折线图的 R 代码：

```
BEGIN
   --sys.rqScriptDrop('AgeProfile2');
   sys.rqScriptCreate('AgeProfile2',
      'function(dat) {
         aggdata <- aggregate(dat$AFFINITY_CARD,
                             by = list(Age = dat$AGE),
                             FUN = length)
         res <- plot(aggdata$Age, aggdata$x, type = "l")
      } ');
END;
```

此示例是 R 函数 AgeProfile1 的扩展版本，AgeProfile2 返回聚合数据的折线图。当使用以下 SELECT 语句调用 R 函数 AgeProfile 时，该查询返回的属性之一将是一个 BLOB 对象。第 10 章已介绍了如何利用 SQL Developer 查看此 BLOB 对象的映像。

为使用嵌入式 R 执行来显示此 R 生成的图表，第一步是在上一节中利用 APEX 工具创建和使用的那个区域中创建一个新对象。创建一个新的页面项，从选项列表中选择 Display Image 选项。可使用大多数默认设置，但要在 Based On 下拉列表中选择 "BLOB Column returned by SQL statement(SQL 语句返回的 Blob 列)"。然后在 SQL Statement 框中输入以下查询，如图 13-4 所示，并接受其余设置的默认值：

```
select image
from table(rqTableEval(cursor(select * from MINING_DATA_BUILD_V),
            NULL,
            'PNG',
            'AgeProfile2') )
```

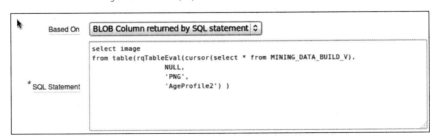

图 13-4　查询使用 ORE 嵌入式 R 执行生成的 R 图表

当运行 APEX 应用程序(参见图 13-5)时，在应用程序中将有两个区域，在这些区域中显示的数据和图表是在 Oracle Database 中利用嵌入式 R 执行由 R 生成的。

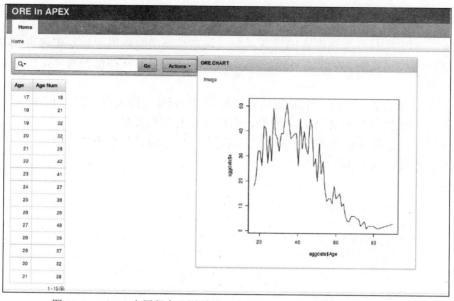

图 13-5　APEX 应用程序及通过 Oracle R Enterprise 生成的数据和图表

随着分析能力的增长，你使用某些更复杂的 R 功能和使用 R 语言和支持软件包的高级图表和图形特性的能力也将增长。你可以用这些新的高级特征来更新包含在数据库自带的、用户定义的 R 函数中的 R 代码。例如，如果我们更新了用户定义的 R 函数 AgeProfile2，使之能够使用 R 的 ggplot 软件包，我们就可以改变所生成的图表来呈现更丰富的信息，如图 13-6 所示。

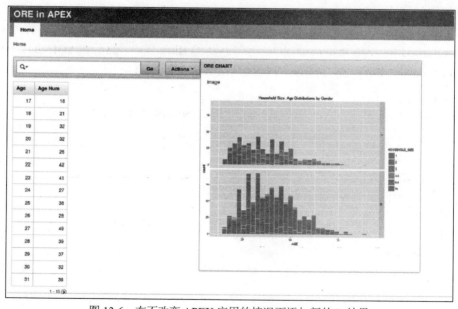

图 13-6　在不改变 APEX 应用的情况下添加新的 R 结果

　　我希望这些部分已经介绍清楚了如何快速轻松地将 Oracle R Enterprise 包含到 APEX 应用程序中。我用了两个简单的例子。ORE 的嵌入式 R 执行功能允许你部署业务应用程序中的 R 分析。虽然在这部分中使用了 APEX，但你可以看到，任何有能力在 Oracle Database 上运行 SQL 的应用程序也可以运行 R 代码。

13.2　Oracle Business Intelligence

　　Oracle Business Intelligence Enterprise Edition 也称为 Oracle Business Intelligence(Oracle 商业智能)，是一种企业级分析和报告工具，能从各种数据源收集数据。它使用各种报告技术和仪表板提供数据，并允许你以交互方式处理所提供的分析以便更好地了解组织的数据。Oracle 商业智能是一种非常常用的适用于基于云的解决方案和内部部署的工具。

　　传统上，Oracle Business Intelligence 已经用来提供一个结构化的环境和用于整合和呈现组织的数据的工具。这可以通过使用一系列不同的报告和制图技术来完成。这些技术可以基于组织内部不同的业务功能或角色进行分组后放在单独的仪表板中，这些仪表板提供数据的综合报告和分析视图。

　　在 Oracle Business Intelligence 的最新发布版中内置了更多的功能，给终端用户更大的控制权来基于 Oracle Business Intelligence 所提供的综合数据创建和管理他们自己的报告和分析需求。终端用户现在有 Visual Analyzer 作为内部部署实施的一部分，这也是 Oracle 提供的云服务(BICS 和 DVC)的一部分。

　　除了内置的传统的分析能力和自 Oracle Business Intelligence 的版本 12 发布以来所具有的更先进分析能力外，现在还可以包含使用 R 语言所得的分析以及 Oracle R Enterprise 的高级分析能力。图 13-7 显示了 Oracle 在 OBIEE Sample App 虚拟机中提供的一些示例。

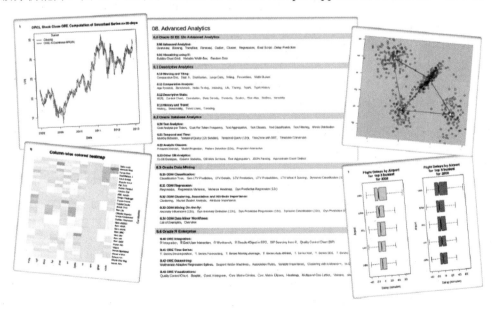

图 13-7　OBIEE Sample App 虚拟机上的 Oracle R Enterprise 示例

OBIEE Sample App 虚拟机

尝试 OBIEE 的一个好方法是下载并运行 OBIEE Sample App 虚拟机映像。这可以在 VirtualBox 网站上找到。这个虚拟机确实需要大量资源。建议至少分配 8GB 内存、4 个处理器。这个虚拟机中带有一个 Oracle Database 以及 R、ORE、APEX 和 OBIEE，还带有许多其他已经安装并配置好供使用的 OBI 工具。本章的 OBIEE 和 ORE 示例就是在 OBIEE Sample App 虚拟机上创建的。

在使用 Oracle Business Intelligence 之前，需要创建一个资源库，也称为 RPD。通过使用 Oracle BI Administration 工具，可以定义什么数据可被并入 RPD 中。可以定义每个数据项是如何与其他数据项相关联的、是如何通过业务模型层和演示层进行转换的、是如何供报告/仪表板开发人员或最终用户使用以便进行分析的。Oracle Business Intelligence 的资源库具有以下三个层：

- **物理层**　这是定义数据源的元数据的地方。这些数据源提供了最终出现在 OBIEE 仪表板中的数据。
- **业务模型层**　它包含了业务的逻辑维度模型，并且这些模型是基于物理层中定义的数据源的。
- **展示层**　这是定义业务模型层的各种子集的地方，创建每个子集的目的是满足来自每个业务功能区域的每个最终用户的报告和分析需求。

Oracle Business Intelligence Enterprise Edition 预安装了 R。这便允许你使用 R 语言的分析和绘图能力并将它们包含在仪表板中。OBIEE 带有许多接口，允许你包含 R。与大多数典型的 R 安装版一样，数据需要从 Oracle Database 中提取出来并加载到 R 环境中。然后对数据进行分析或绘图，最后，结果再加载回 OBIEE 中并显示在仪表板上。在数据量小的场景中，这样做是可以很好地工作的。但随着数据量的增加(甚至只有几千条记录)，显示仪表板就会有很大的时间滞后。

使用 Oracle R Enterprise，时间滞后会大大减少。这是因为 R 代码运行在 Oracle Database 服务器上，此服务器通常比驻留 OBIEE 的服务器拥有多得多的计算资源。在以下各节中，我们将亲历设置和添加被 Oracle R Enterprise API 函数调用的 R 脚本所需的典型步骤，就像我们在第 10 章和本章前面部分所做的那样。

13.2.1　设置 OBIEE 以便能使用 ORE

为使 ORE 能够与 OBIEE 一起工作，第一步需要做的是在 Oracle Database 服务器上安装 ORE，这个服务器就是将要在 OBIEE 工具和仪表板中使用的数据驻留的地方。第 2 章介绍了如何在 Oracle Database 服务器上安装 ORE。

随着利用 R 语言进行分析的能力的增长，你将开始使用许多可用于 R 语言的软件包。如果你正在使用任何附加的 R 语言软件包来分析或者制图，则还需要确保这些 R 软件包要安装在数据驻留于其上的那台 Oracle Database 服务器上。第 14 章有一节介绍如何在 R 中以及在 Oracle Database 服务器上的 ORE 安装版中安装 R 软件包。

你将使用存储在 Oracle Database 的 R Script Repository 中的 R 脚本，将在用于把 OBIEE 连接到 Oracle Database 的模式中创建 R 脚本，或需要为其授予 R 脚本上的权限(更多关于授予 R 脚本权限的详细信息见第 9 章)。另外，OBIEE 使用的连接 Oracle Database 的模式将需要 Oracle DBA 为其授予 RQADMIN 系统特权。完成这些步骤后，你应该拥有已经配置好的并准备好的 Oracle Database，以便使 OBIEE 能使用数据和数据库自带的 R 脚本。

在开始使用 OBIEE 中的数据之前，仍需要先对 OBIEE 环境进行配置以便使用 Oracle R Enterprise。为此，需要改变一个配置的设置项，将设置 TARGET 从 R 更改为 ORE 来告诉 OBIEE 使用 ORE 而不是 R。还需要定义将要使用的连接池。

可在位于 OBIEE 服务器上的 NQSConfig.INI 文件中配置这两个设置。图 13-8 显示一个更改了的 NQSConfig.INI 文件的例子。该示例基于 Oracle 提供的 OBIEE Sample App VM 上的 NQSConfig.INI 文件。NQSConfig.INI 文件可在以下位置中找到：

```
/app/oracle/biee/user_projects/domains/bi/config/fmwconfig/biconfig/OBIS
/NQSConfig.INI
```

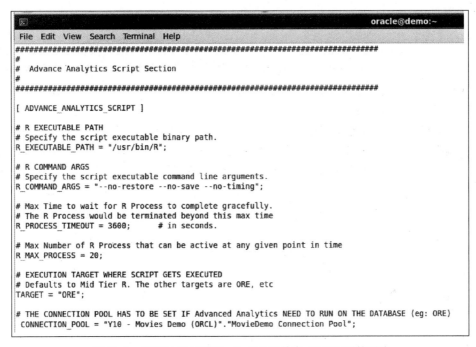

图 13-8　OBIEE 的 NQSConfig.INI 文件中 ORE 配置的更改

对 TARGET(更改为 ORE)和 Connection Pool Name 设置进行了更改后，需要重新启动 BI Server 以使 NQSConfig.INI 文件的更改生效。

提示

当使用 OBI 和 ORE 时，需要在 Oracle Database 上注册 R 脚本。其实真正的意思是说需要在 Oracle Database 中的 R Script Repository 中创建 R 脚本。第 9 章提供了如何使用 ORE R API 函数和 SQL API 函数创建自己的用户定义的 R 脚本的示例。因此，注册 R 脚本与在 Oracle Database 中创建 R 脚本是相同的。

13.2.2　在 OBIEE RPD 中使用 R 脚本

在 OBIEE 中使用 ORE 有两种方法。第一个是使用内置的允许"注册"R 脚本的功能。这种方法需要构建一个包含所需信息和 R 代码的 XML 文档来注册 R 脚本。

或者，如果已经在 Oracle Database 中创建了用户定义的 R 脚本，可以将它们并入 RPD 的 Physical 层(图 13-9)。有两种方法可以做到这一点。 第一种是在模式中定义一个包含要公开给 OBIEE 的属性的视图。作为该视图定义的一部分，还可以定义哪些属性被 R 脚本返回、哪些属性使用 SELECT 语句执行、那些属性被包含在视图定义中。 第二种将 R 脚本的输出包括进来的方法是在 Physical 层中定义一个 Physical Table 对象，将其 Table Type 设置为 Select,然后用 SELECT 语句返回要在 OBIEE 仪表板和 Visual Analyzer 等工具中显示的数据。该 SELECT 语句然后将使用一个执行数据库自带的 R 脚本的 ORE QL API 函数。

在 Physical 层中创建新的表对象后，就可以通过 Business Model 和 Presentation 层迁移该对象了。在 Business Model 层中，可将 ORE 生成的数据与来自其他数据源的数据和物理层中定义的数据组合起来。一个相似的方法也可用于合并由数据库自带的 R 脚本生成的图像，该方法通过使用查找来加入相关数据。然后 Presentation 层允许定义最终如何将数据呈现给各种业务函数和最终用户。

当完成 OBIEE 资源库(RPD)的更新后，可以更新 OBIEE 服务器，使之包含新更新的 RPD。这将把新定义的 ORE 生成的数据向数据分析人员公开，数据分析人员然后可以在 OBIEE 中创建仪表盘和/或使用像 Visual Analyzer 之类的其他工具为最终用户创建一些新的分析。

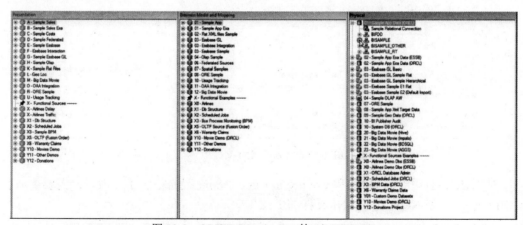

图 13-9　OBIEE Sample App 的 OBIEE RPD

13.2.3　在仪表板上呈现由 R 脚本产生的结果

定义了数据以及如何利用 RPD 中的其他数据对它进行建模后，就可以使用 OBIEE 及其中的工具来分析数据并创建仪表板和报告来发布了。OBIEE 中有很多用于分析和处理数据的选件可供选择，图 13-10 显示了其中一部分。

创建一个新的分析和仪表板，可以使之成为自己私有的，也可以使之供一些人或全体人员使用。这取决于保存分析和仪表板的位置。如果将这些保存为共享文件夹的一部分，则它们将被公开，并需要额外的权限来限制某些用户的访问。

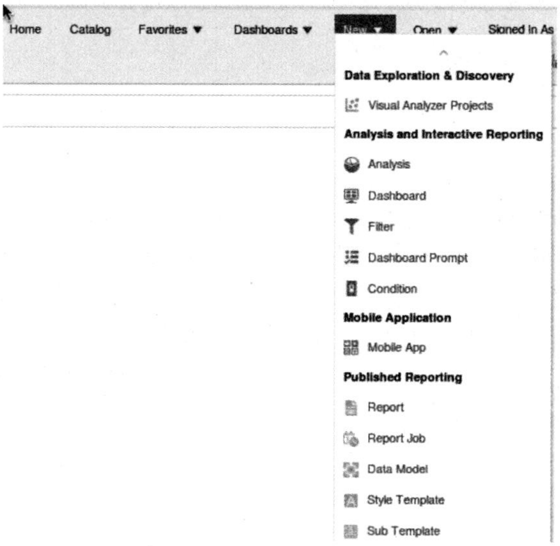

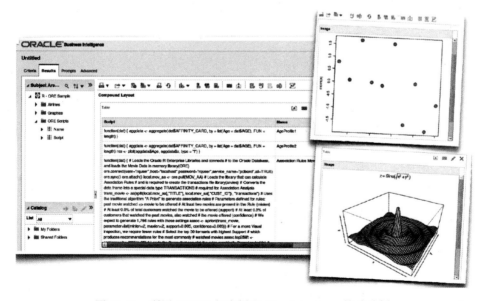

图 13-10　OBIEE 中的不同分析选件

当创建新的仪表板时，可在工作区拖拉和删除数据列，添加不同的分组，并以一种适合自己的方式布置仪表板。在仪表板上创建了各种数据区后，就可以保存和运行该仪表板了。当运行仪表板时，OBIEE 将采用为仪表板定义的数据，并在数据源和数据库上执行必要的查询。当使用嵌入式 R 执行时，要提前定义使用 SQL API 函数的 SQL 查询。这些将依次运行数据库自带的 R 脚本，将结果返回到 SQL 查询，然后显示在仪表板上。这也适用于使用嵌入式 R 执行生成的任何图形，因为这些图形也作为 BLOB 数据类型返回到 SQL 查询，然后显示在仪表板上，如图 13-11 所示。

图 13-11　利用 OBIEE 仪表板和 Visual Analyzer 构建分析

通过添加参数可以进一步增强各种分析和仪表板。这将涉及改变 RPD 以便细化参数的定义，以及如何在 SQL 中使用这些参数，这里的 SQL 用于生成来自数据库自带的 R 脚本的结果。

13.3　小结

使用 Oracle R Enterprise 的嵌入式 R 执行特性开启了将作为 R 语言和生态系统的一部分的高级分析和绘图特性包括到应用程序中的可能性。本章给出了关于如何将 Oracle R Enterprise 包含到 APEX 应用程序和 OBIEE 仪表板中的例子。本章所示的例子说明了通过 Oracle R Enterprise 在应用程序中合并和部署 R 是多么简单。这些示例可扩展到其他许多环境和编程语言中。只要可以执行 SQL，就可以使用 Oracle R Enterprise 在应用程序中集成 R。

第 14 章

针对 Oracle DBA 的 ORE

通观本书，你已经看到了各种使用 Oracle R Enterprise 的方法。所有这些例子都是为了帮助数据分析师/科学家通过 Oracle R Enterprise 利用数据库自带的和嵌入式 R 执行的性能特征。另外还有一些常见的任务适用于数据库管理员或类似的负责管理和支持 Oracle Database 服务器上的 Oracle R Enterprise 环境的人员。

在本章中，我们将讨论管理员会关注的一些常见主题和任务。它们包括设置新的供数据分析人员用于其分析工作的 Oracle 模式；使这些用户能够执行嵌入式 R 执行，在 Oracle Database 服务器和客户端上安装、设置和配置新的 R 软件包；管理或了解 ORE 全局环境变量；管理嵌入 R 执行的并行设置；最后，如何卸载数据库服务器和客户端机器上的 Oracle R Enterprise。

14.1 在数据库中创建一个新的 ORE 模式

在介绍安装和设置 Oracle R Enterprise 的第 2 章中，在安装过程中创建了一个名为

ORE_USER 的模式。在安装 Oracle R Enterprise 期间，我们能够定义一个 Oracle 模式以供创建。随着数据科学团队的发展，将需要创建额外的 Oracle 模式，以便数据科学家们可以在 Oracle Database 中创建、存储和处理数据和 ORE 对象。

对于每个新的 Oracle 模式，都需要 Oracle DBA 在 Oracle Database 中创建一个模式。然后，你需要授予新的 Oracle 模式必要的数据库权限，以便用户可以连接到数据库并在 Oracle Database 中运行 R 代码。以下 SQL 代码显示了 ORE 模式所需的最少数据库权限。

```
GRANT create session,
      create table,
      create view,
      create procedure,
      create mining model
TO ORE_USER2;
```

这些权限将被授予一个名为 ORE_USER2 的模式。你需要连接到 Oracle DBA 模式中的一个模式(例如，SYS 模式)来运行前面的代码语句。

可将这个权限集授予开发人员所使用的任何其他 Oracle 模式，然后他们就可以针对自己的模式中的对象运行 ORE 命令了。运行嵌入式 R 执行时还需要一个额外的权限：RQADMIN。

运行嵌入式 R 所需的权限

为使用 ORE 的嵌入式能力并创建、删除和使用用于执行嵌入式 R 执行的脚本，还需要将附加的数据库系统权限(RQADMIN)授予需要它的模式。

运行 ORE 安装脚本并使用该安装脚本创建第一个 ORE 模式时，必要的数据库权限就被作为安装过程的一部分同时授予了。对于所有后续模式，你或 Oracle DBA 将需要为其授予 RQADMIN 数据库权限。

以下示例说明如何为 ORE_USER2 模式授予这个数据库权限：

```
GRANT rqadmin
TO ORE_USER2;
```

该数据库权限具有一些强大的特性，因为它允许数据科学家在 Oracle Database 中创建和删除 R 脚本。需要注意，这个数据库权限只能赋予那些需要它的模式，不应默认地给予 Oracle R Enterprise 用户使用的所有模式。RQADMIN 权限的授予允许用户在 Oracle Database 服务器上运行 R 脚本。

14.2　在 Oracle R Enterprise 中安装新的 R 软件包

Oracle R Distribution(或主 R Distribution)带有大量的 R 软件包。随着你的分析技能的增长，有时你需要使用成千上万个额外可用的 R 软件包中的一个(或更多)。由于有了 Oracle R Enterprise 的嵌入式 R 执行能力，可以在 Oracle R Enterprise 环境中安装并使用这些软件包。这意味着可在 Oracle Database 服务器上运行任何 R 软件包，只要它与 Oracle

Database 服务器上安装的 R 版本兼容即可。

可以在 Oracle R Enterprise 分析环境中使用新的 R 软件包之前，需要在 Oracle Database 服务器上安装 R 软件包并在数据分析师使用的客户机上安装相同版本的 R 软件包。

以下各节将逐步介绍这两个部分中的安装新软件包的过程，第 8 章说明了如何使用一些可用的 R 软件包来构建数据挖掘模型。

14.2.1　在数据库服务器上安装新的 R 软件包

为将新的 R 软件包安装到 Oracle Database 服务器上的 Oracle R Enterprise 环境中，需要完成许多步骤。这些步骤概括如下：

步骤 1：确定所需的 R 软件包。

步骤 2：验证该 R 软件包的版本与安装在 Oracle Database 服务器上的 R 的版本兼容。

步骤 3：从 R CRAN 站点或可从世界各地获得的镜像网站中的一个下载该软件包。

步骤 4：将该 R 软件包安装到与其他 Oracle R Enterprise 的软件包相同的位置。下面会有一个这样做的例子。R 软件包可以安装在其他位置，但这些位置需要使用 libPaths() 在 R 环境进行定义。

步骤 5：通过使用一个在该软件包中可用的函数或通过使用 ore.doEval() 函数来使用新的 R 软件包中的一个函数来验证新的 R 软件包是否已被正确安装。

为了说明在 Oracle R Enterprise 环境中安装一个新的 R 软件包的过程，我们将安装 e1071 包，这是一个流行的 R 软件包，提供了一系列不同的机器学习算法，如支持向量机、朴素贝叶斯、聚类等。

安装 e1071 软件包时，会有两个选择。第一种方法是使用内置的 R 功能来自动安装新的软件包。此方法使用 install.packages() 函数：

```
> install.packages("e1071")
```

作为安装的一部分，R 语言将检查新的软件包和所有与之有依赖关系的软件包(也就是正在安装的那个 R 软件包所需的其他 R 软件包)。当使用 install.packages() 函数时，这些"其他的"有依赖关系的 R 软件包将被自动下载和安装。运用这种方法要求你在安装该软件包时可以访问因特网。

第二种方法是使用操作系统的命令行选项。这就要求将正确版本的 R 软件包下载到 Oracle Database 服务器中。然后，为了安装新的 R 软件包，要使用 ORE CMD INSTALL 命令。该命令确保新的 R 软件包和 Oracle R Enterprise 软件包安装在同一位置，即$ ORACLE_HOME / R / Library 中：

```
ORE CMD INSTALL e1071_1.6-6.tar.gz
```

通过检查$ ORACLE_HOME/R/Library 目录就可以检查该软件包是否已添加到 Oracle R Enterprise 软件包中。在那个目录中，你会看到，在其他 Oracle R Enterprise 软件包旁边，针对你所安装的每个新软件包，都有一个新的子目录。

为验证在 Oracle Database 服务器上的安装是否正确完成，需要启动 R 并使用该软件包中的一个函数。以下示例说明如何查看软件包是否已安装在 Oracle Database 服务器上：

```
> # Using Embedded R Execution check that package is installed on Database server
```

```
> ore.doEval(function() packageVersion("e1071"))
> # List all the packages installed on the Database server
> ore.doEval(function() row.names(installed.packages()))
```

验证了软件包已经安装并可见后，还可使用其中一个函数进行测试，以确保其工作正常。以下示例假设你已使用 ore.connect 连接到 Oracle Database 模式上。此示例将新软件包加载到的 R 环境中，使用一个现有的表，创建一个朴素贝叶斯模型。

```
# Load the e1071 package and test
#   the following assumes that you are already connected to your ORE schema
#     and a table or view exists called ANALYTIC_RECORD (see Chapter 7)
library(e1071)
df<-ore.pull(ANALYTIC_RECORD)
naiveBayes(AFFINITY_CARD ~., df)
```

还可以进行一项额外的测试来确信可以通过嵌入式 R 执行的方式使用新安装的软件包。以下示例与之前给出的非常相似。它使用 tableApply()函数传递 iris 数据集，并为此数据创建一个朴素贝叶斯模型。

```
# Test the embedded execution of the e1071 package
nbmod <- ore.tableApply (
    ore.push(iris),
    function(dat) {
        library(e1071)
        dat$Species <- as.factor(dat$Species)
        naiveBayes(Species ~ ., dat)
    }
)
```

完成所有这些步骤之后，你已经准备好在客户端机上完成软件包的安装了。

当安装与其他 R 软件包有依赖关系的 R 软件包时，需要确保所有这些附加的软件包也已经安装在位于$ORACLE_HOME/R/Library 下的 ORE Server 库目录中了。应该验证所用的 R 软件包的版本是正确的，因为它可能不是最新版本。检查此目录以验证它是否包含所有附加的 R 软件包。如果没有，就需要使用 ORE CMD INSTALL 命令来下载并安装这些 R 软件包。

14.2.2　在客户机上安装新软件包

安装新的 R 软件包需要经历两个步骤。上一节介绍了当你想要在数据库服务器上安装新的 R 软件包作为 Oracle R Enterprise 安装版的一部分时，需要做什么。第二步就是在数据分析师/科学家的客户机上安装相同的软件包。这一步只有当数据科学家想要在本地使用该 R 软件包时才需要。否则，他们可以通过 R 脚本或 SQL API 来使用安装在 Oracle Database 服务器上的 R 软件包。

这是一个相对简单的过程，数据分析人员可以安装所在 R 环境的 R CRAN 资源库中的软件包或下载 R 软件包，然后使用该文件安装它。

要安装新的 R 软件包，可以使用 R 中的 install.packages 函数。例如，以下命令将在客户机上安装 e1071 R 软件包：

```
> install.packages("e1071")
```

如果你使用诸如 RStudio 的工具，则可以使用其内置的特性自动安装 R 软件包。或者，可以通过 R 网站的 CRAN Repository(cran.r-project.org 或 www.r-project.org)，找到正在寻找的 R 软件包，并下载适合你的操作系统的压缩文件。下载完软件包文件后，可使用 install.packages 函数将其加载到自己的本地 R 环境，如下所示：

```
> install.packages("C:/app/ORE_Install/new/e1071_1.6-7.zip")
```

14.3　ORE 的全局变量和选项

当使用 R 语言时，有大量可用的环境变量。在这里要全部介绍它们是不可能的，我会把这些留给你们来更详细地探索。一般来说，R 语言环境变量允许你确定若干要使用的默认值；这些变量可以被分组为用于本地 R 会话的变量、用于某些软件包的变量、用于确定 R 会话和环境如何与操作系统进行交互的变量。以下示例说明如何收集环境变量的所有当前设置并显示它们。Oracle R Distribution 3.2 版中有 68 个环境变量。

```
# Get the current environment variable settings
> s <- options()
> s
```

可以根据需要更改环境变量的值。可以通过打开 R 会话并使用 options 函数指定变量的新值来进行此操作。在以下示例中，我将展示如何更改 R 会话的显示宽度和要显示的小数点后的位数。

```
# Changing environment variable settings
> options("width")
> options(width = 100)
> options("digits")
> options(digits = 5)
```

Oracle R Enterprise 具有许多全局选项，可用与设置 R 环境变量相同的方法来设置它们，因为它们对于你的 ORE 连接来讲就是全局变量。这些全局选项在表 14-1 中概述。

可以用与其他 R 环境变量相同的方法来检查这些 ORE 全局变量的默认值或当前值。以下示例列出了每个 ORE 全局变量的当前或默认设置：

```
# Checking the current settings of the ORE environment variables.
> options("ore.envAsEmptyenv")
> options("ore.na.extract")
> options("ore.parallel")
> options("ore.sep")
> options("ore.trace")
> options("ore.warn.order")
```

表 14-1　Oracle R Enterprise 的全局环境变量

ORE 全局环境变量	描述
ore.envAsEmptyenv	一个逻辑值，在对 Oracle Database 进行序列化期间用于指定对象所引用的环境是否应该被空环境所替代。当为 TRUE 时，对象中引用的环境被父环境为".GlobalEnv"的空环境所取代，而被引用的原始环境中的对象没有序列化。某些情况下，这可显著减少被序列化对象的大小。当为 FALSE 时，被引用环境中的所有对象都被序列化，它们可以被去序列化并被加载到内存中。选项的默认值为 FALSE
ore.na.extract	默认值为 FALSE。 当为 FALSE 时，NA 值将导致删除相应的行或元素。 当为 TRUE 时，具有 NA 的行或元素将产生具有 NA 值的行或元素。这与 R 如何处理数据帧和矢量对象中的缺失值相似。
ore.parallel	允许指定 Oracle R Enterprise 会话的后续命令所要使用的并行度。 默认值为 NULL。 使用以下选项可以设置并行度： **N**　这是并行度。N 应该是大于或等于 2 的数字。 **TRUE**　这将为数据库会话或对象使用默认的并行度。 **NULL**　这将使用数据库针对该操作的默认值。 **FALSE**　这是不需要使用并行性的地方。默认为 1
ore.sep	这是用来隔离一个 ore.frame 中多个列行名称的字符。 默认字符为"|"
ore.trace	如果设置为 TRUE，则表示如果可用，Oracle R Enterprise 的函数应该在每次迭代时都打印输出中间结果。 默认值为 FALSE
ore.warn.order	默认值为 TRUE。 这将决定当 ORE 对象缺乏某些信息(诸如行名)、没有确定顺序的对象等时，Oracle R Enterprise 是否应该显示警告消息。当设置为 FALSE 时，这些警告消息不显示

要更改这些 ORE 全局变量中的某一个的值时，可以使用 options()函数并分配新值。例如，以下示例说明如何检查当前值、如何更改值，然后如何将其改回默认值：

```
> # Changing the ORE environment variable values.
> # Change the column separator
> options("ore.sep")
> options("ore.sep" = ":")
> options("ore.sep")
> options("ore.sep" = "|")
> # Change the ORE warning messages level
> options("ore.warn.order")
> options("ore.warn.order" = FALSE)
> options("ore.warn.order")
```

```
> options("ore.warn.order" = TRUE)
```

14.4　使用 ore.parallel 特性

在上一节中，我介绍了如何访问 R 环境变量和 ORE 全局变量。ore.parallel 是这些 ORE 全局变量之一，它允许你看到在执行嵌入式 R 执行时要使用的并行度。特别地，当从 R 环境中调用时，ore.groupApply、ore.rowApply 和 ore.indexApply 等函数都支持并行地处理数据。对于 SQL 函数 rqGroupEval 和 rqRowEval，可以在函数调用中指定并行变量的值。

当使用 ore.groupApply、ore.rowApply 和 ore.indexApply 时，调用这些函数的过程中涉及的参数之一是 parallel。默认情况下，这个参数由全局变量 ore.parallel 的值决定。

以下示例说明如何查看和设置 ORE 全局变量 ore.parallel：

```
> # Check the current value for ore.parallel. The default is Null or no parallel
> options("ore.parallel")
> # set the ore.parallel variable to 4
> options("ore.parallel" = 4)
> # set the ore.parallel variable to the database default
> options("ore.parallel" = NULL)
```

当使用 ore.groupApply、ore.rowApply 和 ore.indexApply 时，可将 parallel 参数设置为 TRUE、FALSE 或要使用的并行度。当该值为 TRUE 时，该函数将查看全局变量 ore.parallel 的当前设置。然后它将使用该值作为并行度。如果将一个数字赋予该参数，则该值将用作并行度并且 ore.parallel 的值将被忽略。这个值应至少为 2 或更高。如果此参数的值设置为 FALSE 或 1，则该函数将被串行地执行，不会使用并行性。

当使用 ore.groupApply 和 rqGroupApply 时，Oracle R Enterprise 将启动一个或多个 R 引擎，这些引擎在不同的数据分区上执行所需的任务。而当使用 ore.rowApply 和 rqRowEval 时，Oracle R Enterprise 将启动一个或多个 R 引擎来在不同数据块上执行所需的任务。

Oracle Database 和 Oracle R Enterprise 为这些并行请求和多个 R 引擎管理所有数据需求。Oracle R Enterprise 也充当所有分区和 R 引擎的协调器，在执行期间对它们进行监控以及监视它们何时完成。如果在并行执行期间发生了任何错误，这些错误都将被返回并报告给用户。

14.5　卸载 Oracle R Enterprise

可能会有某种机会需要从你的 Oracle Database 服务器和客户机卸载和删除 Oracle R Enterprise。第 2 章详细介绍了安装 Oracle R Enterprise 的过程。安装过程由两个步骤组成。第一步涉及在 Oracle Database 服务器上安装 Oracle R Distribution 和 Oracle R Enterprise。第二步涉及安装 Oracle R Distribution 和 Oracle R Enterprise 的客户端及 Oracle R Enterprise 的支持软件包。

当卸载 Oracle R Enterprise 时，也有两个类似的步骤。第一步是从 Oracle Database 服务器中删除 Oracle R Enterprise。第二步是从客户机上删除 Oracle R Enterprise 的客户端和支持包。

在这两步中，对于 Oracle Database 服务器和客户端机器，你可能想要删除 R 语言的安装版本。在第 2 章中，我们安装了 Oracle R Distribution。如有必要，可能还要卸载 Oracle Database 服务器上的 Oracle R Distribution。但是，如果其他过程或分析方法需要的话，R 引擎是可以保留的。Oracle R Distribution(或 R 的最新版本)不太可能从客户端机器中删除，因为数据科学家们仍然会想用 R 语言进行分析。

14.5.1　从 Oracle Database 服务器中卸载 Oracle R Enterprise

从 Oracle Database 服务器上卸载或删除 Oracle R Enterprise 时，有两个选项：进行部分或完全卸载。

进行部分卸载时，Oracle R Enterprise 将删除 Oracle Database 服务器中的 rqsys 元数据和支持 PL / SQL 的软件包。只有安装在 Oracle Database 中的 Oracle R Enterprise 元素被删除。库和支持 Oracle R Enterprise 的 R 软件包将保留。使用服务器脚本时，部分卸载是默认的卸载方式。此脚本与安装 Oracle R Enterprise 软件包和为 Oracle R Enterprise 设置 Oracle Database 时所用的脚本相同。使用服务器脚本时，所使用的默认卸载方式是部分卸载。以下命令都是执行部分卸载的，可以选择喜欢的来使用：

```
./server.sh --uninstall
./server.sh -u
./server.sh -u --keep
./server.sh --uninstall -keep
```

如果你更愿意完全卸载 Oracle R Enterprise，那么除了在部分卸载时卸载的内容之外，所有支持 Oracle R Enterprise 的支持 R 包也会被卸载。它们将被从 Oracle 主目录中删除。以下每个命令都执行 Oracle R Enterprise 的完全卸载。你可以选择使用。

```
./server.sh --uninstall --full
./server.sh -u -full
```

警告

刚刚概述的卸载过程不会删除安装过程中创建的任何模式(例如，在第 2 章的安装过程中创建的 ORE_USER 模式)。这将保留数据和创建的对象。此外，卸载也不会删除在安装 Oracle R Enterprise 期间创建的 ORE 模式(ORE_USER)。

你将需要检查所有被赋予了运行 Oracle R Enterprise 权限的模式，决定要针对可能包含在里面的数据和 ORE 对象做些什么。

从 Oracle Database 服务器上卸载 Oracle R Enterprise 后，接下来需要考虑是否需要删除已安装的 Oracle R Distribution 或相应的 R 语言的开源版本。当在 CDB / PDB 环境中工作时，你需要注意是否有其他可插拔的数据库正在使用 ORE。如果有，就需要留下服务器上的 Oracle R Distribution 安装版。如果没有其他可插拔数据库正在使用 Oracle R Distribution，才可以继续卸载它。

删除 Oracle R Distribution 后，可能需要考虑从环境变量 PATH 中删除任何对 Oracle R Distribution 安装于其中的那个目录的引用，并删除在安装过程中创建的其他任何相关联的环境变量。

14.5.2　从客户端卸载 Oracle R Enterprise

在从 Oracle Database 服务器中删除了 Oracle R Enterprise 后，任何连接和运行 ORE 代码的尝试都将导致错误。保持安装在 Oracle Database 服务器上和安装在所有使用 Oracle R Enterprise 的客户端上的 Oracle R Enterprise 相一致性是很重要的。为更新客户端软件和卸载 Oracle R Enterprise，你需要与数据科学家团队合作以确保所有受影响的人员都将从他们的 R 环境中移除 Oracle R Enterprise 软件包。

在第 2 章中，展示了如何安装 Oracle R Enterprise 客户端软件，并列出了各种客户端 ORE Core 和 Supporting 软件包。下列代码给出了从安装 R 的客户端删除 Oracle R Enterprise 所需的命令：

```
> # Uninstall the ORE Client packages
> #
> # Uninstall the ORE core packages r
> remove.packages("ORE")
> remove.packages("OREbase")
> remove.packages("OREcommon")
> remove.packages("OREdm")
> remove.packages("OREeda")
> remove.packages("OREembed")
> remove.packages("OREgraphics")
> remove.packages("OREmodels")
> remove.packages("OREpredict")
> remove.packages("OREstats")
> remove.packages("ORExml")
> # Uninstall the ORE supporting packages
> remove.packages("arules")
> remove.packages("Cairo")
> remove.packages("DBI")
> remove.packages("png")
> remove.packages("randomForest")
> remove.packages("ROracle")
> remove.packages("statmod")
```

运行这些命令，删除 ORE Core 和 Supporting 软件包后，就完成了从客户端的 R 环境中删除 Oracle R Enterprise 的过程。

注意

第 2 章中详细介绍的安装过程还包括安装 Oracle R Distribution。卸载过程不会从客户机中删除它。数据科学家仍可以使用 Oracle R Distribution 作为其 R 的主要版本。

14.6　小结

在本章中，我们研究了 Oracle Database 管理员或数据分析师/科学家可能需要用来管理其 Oracle R Enterprise 环境的大量主题。因为 Oracle R Enterprise 主要驻留在 Oracle Database 服务器上，所以有大量的设置和配置步骤需要管理员知晓。贯穿本章，我们研究了最常用的主题，包括设置新用户及其相关权限，安装新的 R 软件包，管理 Oracle R Enterprise 的全局环境变量，设定嵌入式执行的并行度，以及如何卸载 Oracle R Enterprise 并清理环境。